EXERCICES PRATIQUES

DE

PHYSIQUE

I

Pesanteur, Hydrostatique, Pneumatique, Chaleur

(Classes de Seconde C et D)

PAR

PIERRE MORIN

PROFESSEUR AGRÉGÉ AU LYCÉE DE MONTLUÇON

PARIS

HENRY PAULIN ET Cie, ÉDITEURS

21, RUE HAUTEFEUILLE, 6e

1905

Prix du volume cartonné à l'anglaise. . . . . 2 fr.

EXERCICES DE PHYSIQUE

I. — Pesanteur, Hydrostatique, Pneumatique, Chaleur

EXERCICES PRATIQUES

DE

PHYSIQUE

I

Pesanteur, Hydrostatique, Pneumatique, Chaleur

(Classes de Seconde C et D)

PAR

Pierre MORIN

PROFESSEUR AGRÉGÉ AU LYCÉE DE MONTLUÇON

PARIS

HENRY PAULIN ET Cie, ÉDITEURS

21, RUE HAUTEFEUILLE, 6e

1905

PRÉFACE

La réforme de 1902 de l'Enseignement secondaire est caractérisée surtout par de profondes modifications dans l'enseignement des sciences expérimentales qui devient, avant tout... expérimental. L'institution des exercices pratiques est un des points essentiels de la réforme, et c'est là qu'on voit nettement le but poursuivi par les auteurs des programmes : rendre l'enseignement des sciences physiques et naturelles aussi éducatif que possible en inculquant aux élèves la méthode expérimentale ; méthode si féconde, qu'on peut lui attribuer, sans exagération, l'évolution économique et sociale qui se poursuit depuis un siècle et qui conduit l'humanité à de meilleures conditions d'existence par l'accroissement incessant du rendement de ses efforts.

Pour la chimie, les anciennes classes d'Enseignement moderne connaissaient déjà un peu les exercices pratiques, dénommés alors « manipulations », et il s'était établi avec le temps *un programme assez élastique d'exercices que chaque professeur interprétait à sa façon. Les* exercices pratiques de chimie *ne sont donc pas une nouveauté.*

Absolument nouveaux, par contre, sont les exercices de physique, *quoique la physique offre à cet égard plus de ressources que la chimie. C'est cette nouveauté qui nous a embarrassés, et ce n'est pas sans une certaine confusion que se sont passées les premières séances d'exercices pratiques.*

Leur organisation présente de nombreuses difficultés : 1° — choix d'exercices réellement pratiques *que puissent faire les élèves et qui soient profitables à leur développement intellectuel;* 2° — constitution d'un matériel *qui, malgré sa simplicité, ne comporte pas moins une importante série d'organes, surtout si de nombreux élèves doivent y participer à la fois ;* 3° — nécessité, pour beaucoup d'exercices, d'établir un roulement de groupes d'élèves *autour d'un même matériel d'expérimentation qu'on ne peut réaliser à de multiples exemplaires ;* 4° — impossibilité *absolue pour un professeur de* diriger efficacement un certain nombre d'élèves, *surtout si l'on doit avoir recours au roulement.*

La mise au point *d'un bon exercice pratique exige le plus souvent de longs et minutieux tâtonnements ; telle expérience que l'on conçoit, et qui paraît fort simple, ne réussit qu'à la condition de prendre telles et telles dimensions des objets d'étude et de se placer dans des conditions spéciales et bien choisies. Pour que les élèves puissent obtenir des résultats satisfaisants, sans l'aide constante du professeur, il leur faut un guide qu'ils puissent consulter sans attendre que le maître, occupé à côté, soit libre de leur donner les indications nécessaires.*

Un recueil s'impose donc d'exercices pratiques bien mis au point, suffisamment décrits pour permettre au préparateur de physique d'apprêter le matériel nécessaire et aux élèves d'opérer seuls pendant un certain temps.

Nous nous sommes appliqué à trouver des formes simples d'expériences et à construire des appareils pratiques. Exerçant, depuis de longues années déjà l'enseignement expérimental, nous croyons avoir acquis une modeste expérience qui nous a facilité l'organisation de nos exercices pratiques. Nous avons mis au point un certain nombre d'expériences très démonstratives. Elles sont toutes faisables, ayant été faites par des élèves ; aucune d'entre elles n'a été indiquée à la légère ; la plupart n'exigent que le matériel courant de laboratoire agencé par les élèves eux-mêmes. Quelques-unes exigent peut-être une construction un peu soignée, — le levier d'étude, par exemple, — mais cette construction est facile, et en tout cas, peu chère à faire exécuter.

En un mot, ce recueil n'est pas un programme ; c'est une liste d'exercices dans laquelle on trouvera facilement de quoi occuper les élèves pendant une année sur leur programme. Nous avons cru bon, — et les éditeurs s'y sont prêtés de bonne grâce, — de faire imprimer cet ouvrage sur papier collé propre à l'écriture et avec de grandes marges pour que les élèves pussent y ajouter leurs notes personnelles ou celles indiquées par le professeur.

Nous espérons que nos collègues voudront bien faire bon accueil à ce petit volume, malgré ses imperfections, et nous serons très reconnaissant à ceux qui voudront bien nous communiquer leurs observations concernant les améliorations et les corrections jugées nécessaires.

P. MORIN.

PREMIÈRE PARTIE

PESANTEUR, HYDRAULIQUE, PNEUMATIQUE

PREMIÈRE SÉRIE

Exercices géométriques, mesures fondamentales

1. Vérification d'une règle, d'une équerre; rectification des instruments défectueux. — Par deux points, A, B, (fig. 1) marqués aussi loin que

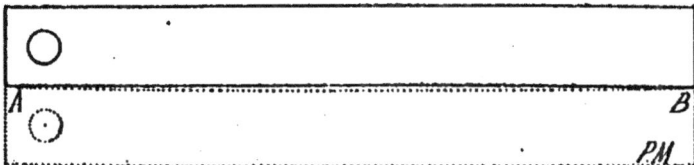

Fig. 1.

possible l'un de l'autre sur une feuille de papier, tracer une ligne avec la règle. Retourner la règle sens dessus dessous et tracer une nouvelle ligne par les mêmes points. Si le second trait *coïncide* avec

P. Morin

le premier, la règle est *droite*. Sinon, user délicate-
ment la règle aux endroits voulus en la faisant glisser sur un papier de verre fin posé sur une plaque
de marbre ou sur une glace. Répéter la vérification
et user jusqu'à rectification.

REMARQUE : On applique ainsi, implicitement, la
définition expérimentale de la *droite : ligne qui*

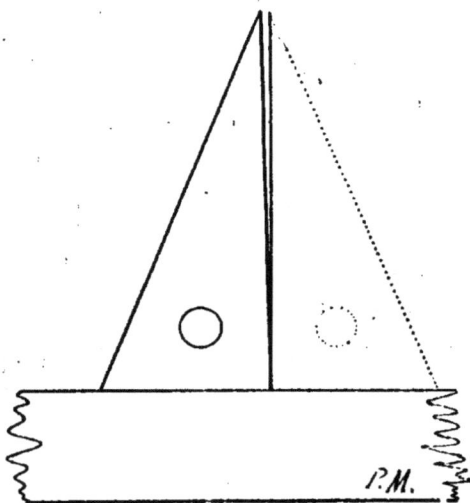

Fig. 2.

*coïncide toujours avec elle-même en tournant
autour de deux de ses points.*

Pour l'équerre, rectifier le grand côté de l'angle
droit, comme règle. Appliquer le petit côté au long
d'une règle droite et tracer une ligne au long du
grand. Retourner l'équerre sens dessus dessous et

tracer une seconde ligne, très près de la précédente (fig. 2). Si les deux lignes sont parallèles, l'équerre est juste (définition des perpendiculaires); sinon, le sens de l'écart indique où il faut user le petit côté pour corriger le défaut; ce qu'on fera par tâtonnement.

2. **Vérifier la relation existant entre les carrés des côtés d'un triangle rectangle.** — Mesurer les 3 côtés d'une équerre parfaitement juste, à bords bien droits et à angles bien nets. Le nombre trouvé pour le carré de l'hypoténuse ne sera pas rigoureusement égal à la somme des deux autres carrés; faire la différence et calculer son rapport au carré de l'hypoténuse pour avoir le *degré d'approximation*. Calculer de nouveau le carré de l'hypoténuse en corrigeant de 1/2 mm. le nombre employé tout d'abord et voir l'influence, sur le résultat, d'une erreur de 1/2 mm. dans la mesure.

8. **Chercher la plus grande commune mesure de deux longueurs données et donner la plus simple expression du rapport de ces longueurs.** — Au moyen du compas à pointes sèches (très fines), porter la petite longueur sur la grande autant de fois que c'est possible. S'il n'y a pas de reste, cette petite longueur est la p. g. c. m. et le raport de la grande à la petite est le *nombre entier* de fois que la seconde est contenue dans la première. S'il y a

un reste, le porter sur la petite longueur; puis, reporter de même le second reste sur le premier, et ainsi de suite, jusqu'à ce qu'on trouve un reste nul.

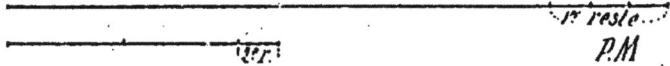

Fig. 3.

La dernière division employée est la p. g. c. m. cherchée ; en remontant le cours des opérations on trouvera combien de fois cette commune mesure est contenue dans chacune des grandeurs données; d'où l'expression du rapport.

4. Déterminer le rapport de la circonférence au diamètre. — Déterminer d'abord le diamètre d'une pièce de 10 centimes en mettant 4 ou 5 pièces de ce type côté à côté le long d'une droite et mesurant la longueur couverte. Marquer par une petite entaille un point net sur le pourtour d'une pièce et un point sur une feuille de papier ; faire coïncider celui-là avec celui-ci et faire rouler la pièce de manière qu'elle accomplisse deux ou trois tours exacts (suivant la grandeur de la feuille de papier). Marquer la position finale du point de repère et mesurer l'espace parcouru pour en déduire le développement d'un seul tour. Répéter plusieurs fois l'opération et déterminer les différences des longueurs obtenues (dues à des glissements possibles); évaluer leur rapport à la longueur mesurée. Diviser finalement la circonférence par le diamètre.

5. Déterminer le diamètre d'un cylindre. — Enrouler un fil de grosseur négligeable sur le cylindre, pour faire un tour s'il est gros, ou plusieurs, s'il est petit. Mesurer avec cela le développement de la circonférence et diviser par 3,14 (1). Si l'épaisseur du fil n'est pas négligeable, on en tiendra compte en retranchant son diamètre du diamètre calculé.

6. Construction d'une échelle métrique avec des sous. — Poser côte à côte 8 pièces de 5 centimes et mesurer la longueur couverte (on doit trouver 20 centimètres exactement). Avec un crayon taillé

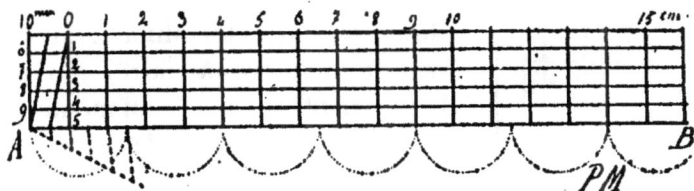

Fig. 4.

très fin, marquer les limites des pièces en les retirant une à une. Diviser l'un des intervalles en 5 parties égales (1/2 cm.), par la méthode graphique du IIIe Livre de géométrie (fig. 4). On reportera la division sur tous les autres intervalles. Au-dessus

(1) Au lieu de 3, 14, on peut prendre 22/7 pour rapport de la circonférence au diamètre; cela donne souvent des calculs plus simples.

de la ligne **AB** ainsi traitée, tracer 5 autres lignes parallèles équidistantes et profiler les traits de division à travers toute la série, de centimètre en centimètre. Dans la première travée tracer deux obliques et numéroter comme la figure l'indique.

S'exercer à trouver sur cette échelle des longueurs inférieures à 20 cm. données au millimètre près ; par exemple 43 mm. ; 177 mm.

7. Déterminer le pas d'une vis, le diamètre d'un fil métallique, d'un cheveu. — Compter 20 (ou 50 s'ils sont très petits) intervalles de filet ; mesurer la longueur de la série et diviser par 20 (ou 50).

Enrouler en hélice serrée le fil dont on veut déterminer le diamètre de manière à faire, suivant l'épaisseur, 10, 20, 50 ou même 100 spires et mesurer la longueur couverte.

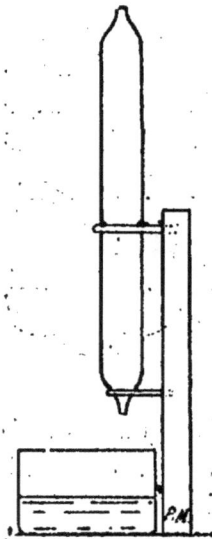

8. Construction d'une clepsydre. — Prendre un tube de verre de 1 cm. 8 de diamètre environ et de 20 cm. de long ; l'effiler aux deux bouts, — plus fin à l'une des extrémités ; border les orifices.

Fig. 5.

Remplir d'eau l'espèce d'ampoule ainsi formée et

la transporter sur un support convenable en fermant l'orifice supérieur avec le doigt (fig. 5). On
pourra constater, avec une montre à secondes, que
l'ampoule met toujours le même temps à se vider
par le même bout. Par tâtonnement, on pourra
faire en sorte que ce temps soit une minute pour
un bout, deux pour l'autre.

En tout cas, on aura un temps type auquel on
pourra comparer certaines durées, comme celle de
l'oscillation d'un pendule, d'une balance, d'une
aiguille aimantée.

DEUXIÈME SÉRIE

Déformations des solides.
Dynamomètres.

1. Flexion d'une mince tige d'acier. — Prendre une « baleine » de vieux parapluie (tige d'acier de 0 cm. 2 de diamètre sur 60 à 70 cm. de long); enlever le bouton terminal et former une pointe fine à la

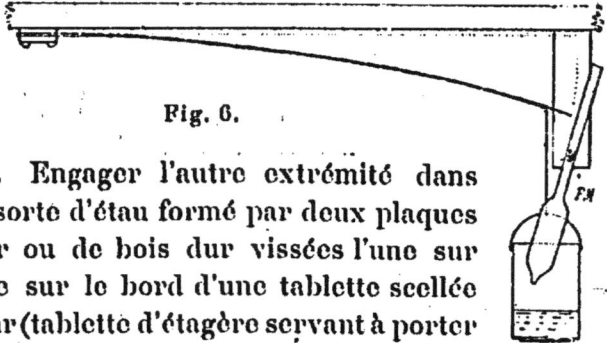

Fig. 6.

place. Engager l'autre extrémité dans une sorte d'étau formé par deux plaques de fer ou de bois dur vissées l'une sur l'autre sur le bord d'une tablette scellée au mur (tablette d'étagère servant à porter la verrerie du matériel d'expérimentation) (fig. 6). Fixer une réglette verticale portant une feuille de papier en regard de l'extrémité libre.

Marquer la position de la pointe sur la feuille par un point net.

Attacher dans le trou voisin de la pointe une petite botte en fer-blanc d'environ 100 cm³, formant seau. Marquer la nouvelle position de la pointe. Verser dans le seau, successivement, au moyen d'une pipette, des volumes d'eau égaux à 10 ou à 25 cm³ et marquer à chaque fois la nouvelle position de la pointe. Aller ainsi jusqu'à 200 cm³ et comparer les divers intervalles des points obtenus. Voir s'il ne serait pas possible de déduire de cette comparaison le poids du seau lui-même.

Constater qu'au delà d'une certaine charge, la tige élastique, déchargée, ne revient plus à sa position première (déformation permanente).

(Varier avec une lame d'acier comme celles que l'on emploie dans la confection des corsages de dames.)

Mêmes opérations avec un fil de cuivre de mêmes dimensions que la baleine de parapluie. Comparer les nouveaux résultats aux premiers.

2. Extension d'un tube de caoutchouc. — Prendre un bout de tube de caoutchouc de 5 mm. environ de diamètre sur 20 cm. de long ; adapter deux petits pitons à ses extrémités (fig. 7) et le fixer par un bout à la tablette étagère. Mesurer la longueur de la partie libre du tube et suspendre

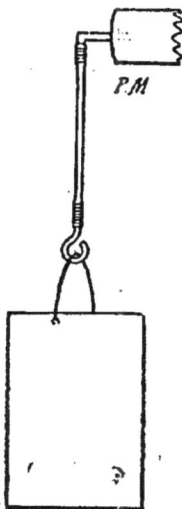

Fig. 7.

un seau de 5oo cm³ au crochet inférieur, le poids
de ce seau étant connu. Verser ensuite des volumes
de 5o cm³ d'eau et mesurer la longueur du tube
pour chaque charge. On pourra ainsi construire la
courbe qui représente la *variation de longueur
en fonction de la charge.*

Au bout de quelques minutes, retirer 5o cm³
d'eau et mesurer de nouveau ; retirer progressivement toute l'eau et refaire les mêmes observations.
Comparer les résultats avec les précédents.

3. Torsion d'un fil d'acier. — Fixer une baleine
de parapluie par le bout plat dans un étau; engager

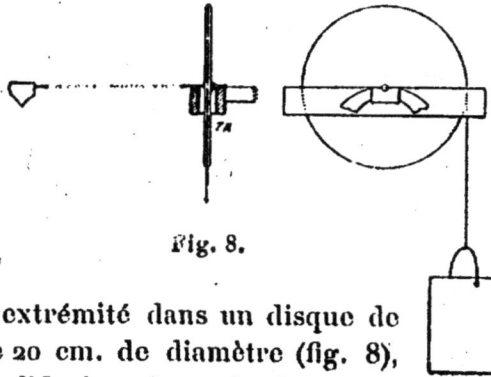

Fig. 8.

l'autre extrémité dans un disque de
bois de 20 cm. de diamètre (fig. 8),
qu'on solidarisera avec la tige grâce
au petit trou de cette extrémité ; faire reposer
sur deux réglettes parallèles et fixer un disque de
papier sur le disque de bois. Marquer près du bord
du disque un point en regard de la règle. Enrouler

sur la jante du disque un fil portant un petit seau
de 250 cm³. Marquer le nouveau point, puis
verser des volumes de 25 cm³ d'eau et marquer à
chaque fois. Comparer les intervalles des points et
voir si l'on ne pourrait pas trouver le poids du
seau d'après la règle qui ressort de cette comparaison.

Réduire à moitié la longueur de tige soumise à la
torsion et recommencer l'expérience précédente.
Comparer les angles de torsion produits par des
charges égales dans les deux expériences.

4. Allongement d'une hélice de fil métallique.
— Prendre un fil d'acier à cordes de piano de 2 m.
de long et o mm. 8 de diamètre environ (1); l'en-

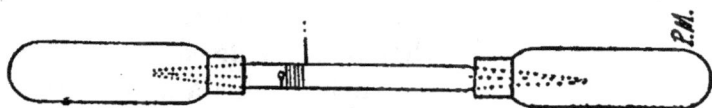

Fig. 9.

rouler en hélice à tours serrés sur un mandrin
cylindrique de fer de 10 mm. de diamètre (fig. 9).
Compter le nombre de spires obtenu avec une
longueur bien connue de fil (marquée d'avance); en
déduire le diamètre moyen. Laisser tourner le
mandrin et recompter le nombre des spires;
déduire la variation du rayon de courbure qui

(1) Ou bien : fil à cordes de mandoline de 0 mm. 3 de diamètre ; en
enrouler 1 mètre de long sur mandrin de 4 mm. de diamètre.

correspond à la déformation élastique, ou la fraction de tour dont se détend une spire forcée.

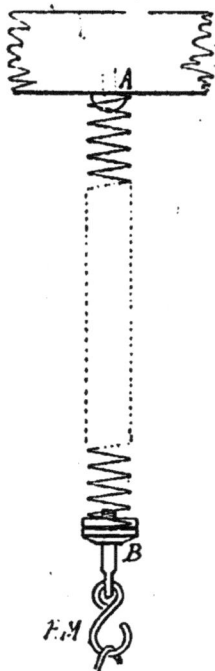

Fig. 10.

Fixer l'un des bouts de l'hélice dans la tablette d'étagère au moyen d'une vis passant dans un œillet terminal A (fig. 10); adapter à l'autre extrémité une pince à vis B, dont l'axe est terminé par un crochet.

Mesurer la longueur de l'hélice ainsi disposée, suspendre un seau de 1 litre, mesurer la longueur nouvelle de l'hélice; puis, ajouter des masses d'eau de 50 cm^3, ou bien des masses titrées croissantes (1). Chercher pour quelle charge l'hélice ne revient plus à sa longueur primitive après être déchargée; continuer d'accroître les charges et mesurer à chaque fois l'allongement total et l'allongement permanent. Construire les courbes.

D'après les résultats obtenus, faire une graduation permettant d'employer l'hélice comme dynamomètre.

(1) Il se peut que certaines spires restent en contact malgré la traction; cela tient à une torsion spéciale qu'il faut détruire en écartant les spires en question par un effort suffisant.

4 *bis.* **Avec le même fil d'acier faire une hélice de diamètre différent et du même nombre de tours ; mesurer les allongements des deux hélices pour les mêmes charges, et chercher la relation qui doit exister entre les diamètres et les allongements pour une même charge.**

4 *ter.* **Répéter l'exercice n° 4 avec un fil de cuivre de mêmes dimensions. Comparer les résultats.**

5. Faire une hélice en fil d'acier qui s'allongera de 100 mm. pour une charge de 100 gr. et une s'allongeant de 100 mm. pour 1 kilog. — Avec les résultats de l'exercice précédent, tenant compte de ce que l'allongement total doit être proportionnel au nombre des spires, pour une même charge, on calculera le nombre des spires nécessaire pour remplir la condition posée ; on amènera la pince à vis à l'endroit déterminé par le calcul. Un essai de vérification et quelques tâtonnements permettront de trouver la position exacte que doit prendre la pince. Fixer l'autre bout avec une sorte de boulon dans un bouchon que l'on adaptera à l'extrémité d'un tube de verre de dimensions convenables ; le boulon pourra être muni d'un anneau. La pince portera une petite tige à crochet ;

Fig. 11.

enfin, une bande de papier gommé, collée sur le tube de verre, portera la graduation (fig. 11).

6. Déterminer l'effort de traction nécessaire pour rompre divers fils métalliques. — Prendre un peson à ressort pouvant aller à 20 kilog. Passer dans la fente où se déplace l'index un petit repère de papier raide qu'on amènera auprès et en avant de l'index r r' (fig. 12). Attacher l'anneau du peson à un fort crochet fixé dans la table ; passer sur le crochet un fil de fer de o mm. 5 de diamètre et de 20 cm. de long. On tirera sur l'autre extrémité du fil serrée dans une pince à bec plat jusqu'à ce que le fer se rompe ; le repère de papier, poussé par l'index, restera en place et marquera l'effort de rupture.

Refaire le même essai avec des fils de cuivre rouge, de laiton, de zinc, d'aluminium, d'étain, de plomb, etc...

Fig. 12

Calculer d'après les résultats les efforts de rupture correspondant à des fils de 1 mm² de section pour les différents métaux expérimentés.

Fil à plomb. — Niveaux. Centre de gravité.

1. Faire un fil à plomb. — Avec un fil à coudre et un petit caillou quelconque ; une balle de plomb serait mieux, mais nullement nécessaire.

2. Constater que l'image donnée par un miroir plan d'une droite perpendiculaire à ce miroir est dans le prolongement de la droite elle-même. — Faire une paire d'équerres en repliant une feuille de papier Canson ayant un bord bien droit, de manière à superposer les deux moitiés de ce même bord (définition des droites perpendiculaires). Entr'ouvrir et poser sur un miroir (fig. 13). D'après un théorème de géométrie, on a ainsi une droite

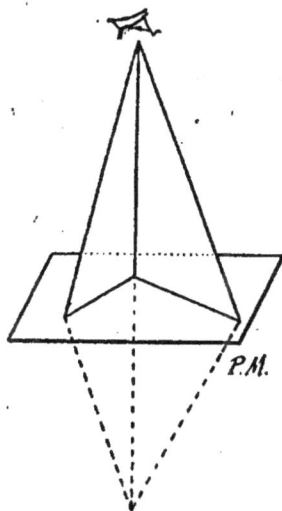

Fig. 13.

perpéndiculaire au plan ; or, il suffit de placer l'œil sur le prolongement de la ligne pour constater que l'image semble la prolonger exactement. D'ailleurs, même en regardant de côté on reconnaît fort bien le fait en question. (On peut appliquer cette propriété de l'image quand on veut baser normalement un cylindre, car la base sera perpendiculaire à l'axe si pour toutes les génératrices du cylindre l'image est dans le prolongement de la ligne ; — dressage d'un manchon de verre.)

3. Constater que le fil à plomb est perpendiculaire à la surface d'un liquide en repos. — Prendre une

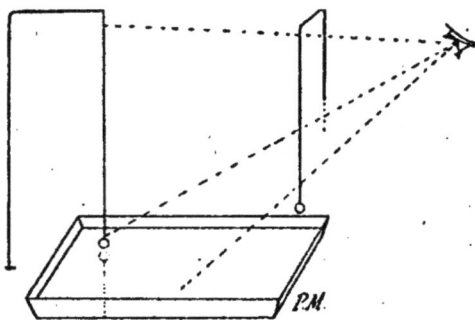

Fig. 14.

cuvette à développement photographique 13×18 ; la poser sur un support *très* stable ; couvrir le fond d'une mince couche de mercure filtré. Suspendre un petit fil à plomb au-dessus du mercure. Suspendre un autre fil à plomb à un support que l'on pourra déplacer et se placer de manière que le second fil à plomb masque le premier ; on verra qu'il masque aussi l'image, quelle que soit la position relative des deux fils.

4. Construction sommaire et usage d'un niveau de maçon. — Prendre trois planchettes dont deux de 4o cm. de long environ, sur 5 cm. de large et 1 cm. d'épaisseur, la troisième un peu plus courte.

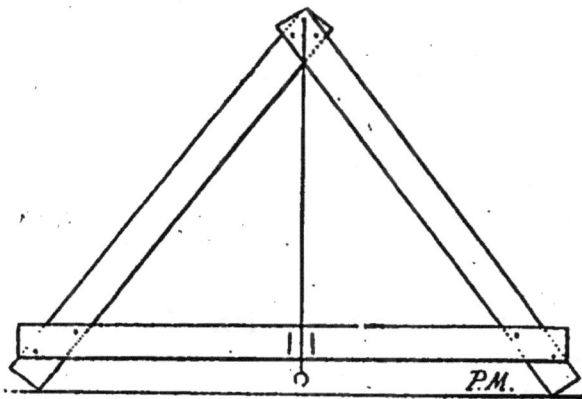

Fig. 15.

Clouer ces planches de manière à en faire un A, la traverse assez bas (fig. 15). Fixer un petit fil à plomb vers le sommet de l'A et dresser l'instrument sur un support bien stable, chaque pied appuyant en un *point parfaitement déterminé.*

P. MORIN 2

Marquer par un trait net sur la traverse le passage du fil à plomb en équilibre. Retourner l'appareil en transposant exactement les pieds sur les *mêmes points d'appui* et marquer de nouveau le passage du fil. Prendre le milieu des deux traits ainsi obtenus ; ce sera le point de passage normal du fil quand la base de l'instrument sera horizontale.

Avec l'...trument ainsi préparé, vérifier l'horizontalité d'une table, d'un banc, d'un seuil de porte, etc. Rendre une règle horizontale.

5. Il serait intéressant de faire ce niveau comme on l'emploie dans les travaux d'irrigation ; il peut alors servir de *niveau de pente*. On prendra des planchettes assez longues pour faire à l'A un mètre de base environ. La traverse aura sa ligne médiane à environ 75 cm. au-dessous du point de suspension du fil. Sur cette traverse, on tracera une droite perpendiculaire à la direction normale du fil (*ligne de foi*), à 75 cm. de la suspension ; on portera de part et d'autre de la ligne de foi des longueurs de 0 cm. 75. Les points ainsi obtenus permettront d'évaluer en cm. par mètre la pente d'une ligne inclinée sur laquelle on fera reposer l'instrument.

On pourra aussi tracer une *ligne de niveau* sur un terrain propice, par cheminement ; ou bien une ligne de pente continue, à 3 cm. par mètre, par exemple. Pour tracer de telles lignes on fait tourner le niveau autour d'un de ses pieds, à la manière d'un compas, et l'on cherche à placer le second pied sur le sol de manière que l'appareil indique bien la pente voulue ; tournant ensuite autour de ce second pied, on cherche un troisième point avec l'autre, et ainsi de suite.

6. Rendre une glace horizontale. — Disposer un fil à plomb au-dessus et, avec trois cales en biseau, déplacer la glace jusqu'à ce que l'image du fil à plomb paraisse dans le prolongement du fil pour deux positions différentes quelconques.

7. Réglage et usage du niveau à bulle d'air. — Poser le niveau sur une règle que l'on pourra caler à un bout (fig. 16), et placer la cale de manière que

la bulle occupe une position symétrique par rapport aux traits marqués sur le verre. Retourner le
niveau bout pour bout sur la même place et observer la position de la bulle : si elle occupe la même
position, le niveau est réglé et la règle horizontale ;
sinon, agir sur la vis de réglage de manière à cor-

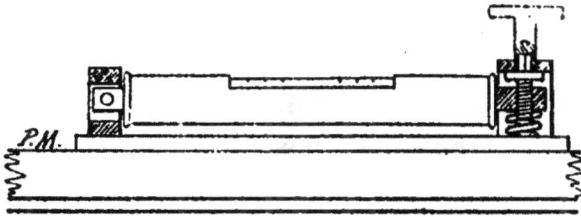

Fig. 16.

riger la moitié de l'écart environ, et achever la
correction au moyen de la cale. Retourner encore
le niveau et agir comme précédemment jusqu'à ce
que la bulle ne change plus de position par retour-
nement.

**8. Trouver le centre de gravité de la surface de
la carte de France ou d'un département.** — Sur
une feuille de « carton bristol », coller une carte
de France comme celles que l'on trouve dans beaucoup de cahiers d'écoliers ; découper le carton
suivant les contours du territoire.

Faire passer au travers du carton, près du bord,
une épingle portant un petit fil à plomb et faire

reposer l'épingle sans frottement, sur un support convenable de manière que dans la position d'équilibre, le fil soit parallèle au carton, à o cm. 1 environ ; marquer le point de passage du fil sur le bord inférieur et joindre ce point au point de suspension par une portion de droite.

Déterminer une seconde droite en changeant le point de suspension. Passer une épingle à travers le carton, au point de rencontre des deux droites ; si l'opération est bien faite, le carton sera en équilibre indifférent si l'on pose l'épingle sur un support quelconque.

QUATRIÈME SÉRIE

Forces. — Machines simples.

1. Vérifier la règle du parallélogramme des forces. — Prendre trois dynamomètres comme celui de l'exercice n° 5 de la série précédente, pouvant s'allonger de 200 mm. pour une charge de 1 kg. ; les fixer par leurs anneaux à 3 vis plantées en 3 points quelconques d'une grande planchette à dessin (fig. 17). Attacher un fil à coudre de longueur convenable aux crochets de deux de ces dynamomètres ; attacher un troisième fil vers le milieu du précédent et le passer au crochet du 3° dynamomètre en tirant dessus de manière à

Fig. 17.

tendre les trois ressorts. Passer une feuille de papier sous le système des fils tendus et donner quelques secousses à la planche pour que le système prenne sa position normale d'équilibre. Marquer les pro-

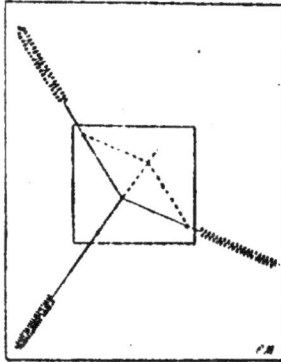

jections des trois fils sur la feuille de papier; porter sur ces droites, à partir de leur rencontre, des longueurs proportionnelles aux allongements des ressorts, c'est-à-dire aux forces qui tendent les fils. Construire le parallélogramme de deux des droites ainsi déterminées et constater que la diagonale est égale et directement opposée à la troisième.

Changer le point d'attache d'un des ressorts et recommencer.

2. Etudier l'équilibre d'un corps sur un plan incliné. — Prendre une hélice dynamométrique pouvant s'allonger de 200 mm. pour un kilog et un cylindre de fer de 5×5 cm. muni de petits tourillons et d'une chape (fig. 18). Mesurer l'action de la pesanteur sur ce cylindre libre; le poser ensuite sur une glace (comme celles qui servent d'étagères dans certains magasins), placer dans une position inclinée sur une table horizontale. Mesurer d'une part l'allongement de l'hélice, d'autre part la hauteur de l'extrémité supérieure du *plan incliné* au-dessus de la table. Répéter ces mesures pour diverses inclinaisons et comparer les poids apparents aux hauteurs de plan.

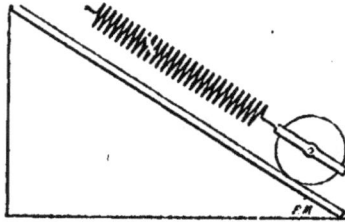
Fig. 18.

3. Équilibre de la poulie. — Prendre le disque qui a déjà servi à l'étude de la torsion et le monter au moyen d'un simple tourillon libre dans une chape appropriée. Faire passer sur la jante un fil portant un petit seau de 250 cm³ à chaque bout. Faire d'abord l'équilibre avec de la tare, puis, constater que l'équilibre existe encore quand on met successivement dans chaque seau 100 cm³ d'eau, ou bien 200 cm³, et, d'une manière générale, deux volumes égaux quelconques.

4. Étude du levier. — Construire un levier d'étude de la manière suivante : dans deux planchettes minces (o cm. 5 d'épaisseur), découper une première réglette de 1 cm. 5 de largeur uniforme et 102 cm. de long ; une seconde réglette de même

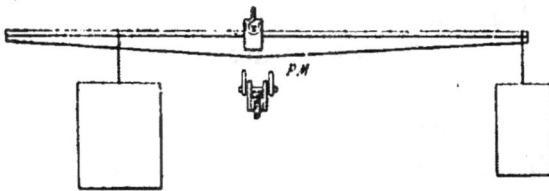

Fig. 19.

longueur aura un côté rectiligne et une largeur variant de 3 cm. au milieu, à 1 cm. aux extrémités (fig. 19) ; fixer les 2 règles l'une à l'autre pour faire une règle à section en T ; fixer au milieu des petits tasseaux que l'on fera traverser par un prisme triangulaire de fer. Visser 2 pitons à crochet dans la tablette d'étagère et faire reposer le prisme sur ces pitons.

A 50 cm. du point de suspension sur chaque bras du levier suspendre un petit seau de 250 cm³, au moyen d'un fil fin (permettant d'apprécier la distance à 1/2 mm. près). Mettre de la tare dans le seau qui paraît le plus faible jusqu'à ce que le levier se tienne bien horizontal. Verser alors 100 cm³ d'eau dans chaque seau, puis 100 autres et constater l'équilibre de ces masses égales.

Vider les seaux et amener l'un deux à 25 cm. du point de suspension, tandis que l'autre reste à 50 ; faire la tare. Verser 100 cm³ d'eau dans chaque seau et constater que l'équilibre se rétablit seulement quand on verse 100 autres cm³ dans le seau qui est à 25 cm.

Faire varier le rapport des distances, tarer soigneusement les seaux vides et constater qu'en toutes circonstances les poids qui se font équilibre sont inversement proportionnels aux bras du levier.

Le levier étant en repos, voir combien de gouttes d'eau il fa mettre d'un côté pour qu'il se déplace d'une manière appréciable (sensibilité de l'appareil).

Si l'appareil est sensible à une goutte d'eau, on pourra l'employer pour comparer entre eux les *poids titrés* d'une série du commerce et constater qu'ils sont généralement inexacts.

5. Composition des forces parallèles. — L'équilibre du levier montrant la position du point d'application de la résultante de 2 forces parallèles et de même sens, on trouvera la grandeur de cette résultante de la manière suivante : Suspendre le levier d'étude à une chape attachée à l'une des extrémités d'un fil qui passe sur la jante de la poulie et porte un seau de 500 cm³ à l'autre extrémité. Placer 2 petits seaux à 20 et à 50 cm. par exemple du centre du levier, les équilibrer avec de la tare ; tarer tout l'équipage au moyen du seau de 500 cm³. L'équilibre existant, on constatera qu'il se

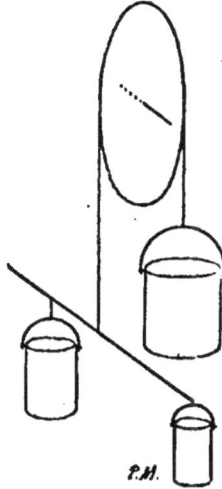

Fig. 20.

maintient quand on verse 250 cm³ d'eau à 20 cm. du point de suspension, 100 à 50 cm. et 350 dans le grand seau.

6. Treuil. — La poulie précédente peut être solidaire d'autres poulies de diamètres différents portées par le même axe; on a ainsi une sorte de *treuil*. Sur les poulies de diamètres bien connus, dans le rapport de 3 à 1 par exemple, enrouler en

sens contraire deux fils fixés au moyen de petits
goujons et portant des seaux de dimensions appro-
priées (200 et 500 cm³ par exemple); établir d'abord

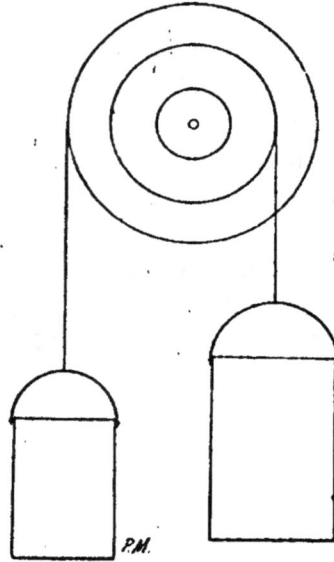

Fig. 21.

l'équilibre avec de la tare et chercher ensuite à le
rétablir en versant des volumes connus d'eau dans
les 2 seaux ; chercher la relation qui existe entre
les masses qui s'équilibrent et les rayons des cylin-
dres sur lesquels agissent leurs poids.

CINQUIÈME SÉRIE

Balances. — Pesées.

1. Vérification de la justesse d'une balance ordinaire. — Enlever les plateaux et poser un petit cavalier de fil métallique sur le bras du fléau qui paraît le plus léger en le déplaçant jusqu'à ce que les oscillations de l'aiguille soient bien symétriques par rapport à la verticale. Remettre les plateaux en place.

Ajouter de la tare au plateau qui semble trop léger jusqu'à ce que l'équilibre normal soit établi. Transposer les plateaux et observer les oscillations; elles ne seront généralement plus symétriques, car le point d'appui du fléau n'est presque jamais exactement au milieu de la ligne des points de suspension des plateaux.

AUTRE MÉTHODE. — Placer deux vases à précipiter de 100 cm³ dans les plateaux, faire l'équilibre avec de la tare, verser dans chaque vase 100 cm³ d'eau au moyen d'une pipette jaugée à cette capacité. Voir si l'équilibre se maintient; s'il n'existe plus, ajouter de l'eau au moyen d'une burette graduée en dixièmes de centimètre cube pour le rétablir ; on pourra ainsi trouver le rapport des bras de levier et calculer l'erreur relative que l'on commettrait sur les pesées en opérant par pesée simple.

2. Double pesée. — Placer le corps à peser dans un plateau ; faire la tare. Retirer le corps et rétablir l'équilibre avec des masses titrées.

3. Chercher la limite de sensibilité d'une balance pour une charge donnée. — Mettre une masse de 100 grammes, par exemple, dans l'un des plateaux et tarer exactement. Laisser tomber dans l'un des plateaux une petite masse qui rompra la symétrie de l'oscillation ; la retirer et opérer sur une masse plus petite jusqu'à ce qu'on trouve une masse qui n'altère pas sensiblement la symétrie. La dernière masse qui donne une perturbation appréciable indique la limite de sensibilité.

4. Fabriquer une série de petites masses types. — On se proposera de faire des masses de 2 gr., 1 gr., 0,2, 0,1 et 0,05. Prendre du fil de cuivre de 0 cm. 2 de diamètre, en peser une longueur de 40 cm. environ, connue au 1/2 mm. près. Déduire de là les longueurs qui doivent correspondre à des masses de 1 et de 2 gr. On coupera ces longueurs (un peu fortes), qui seront environ de 4 et 8 cm. On les ajustera ensuite en usant les bouts

au moyen d'une lime fine ou d'une meule à grain
fin jusqu'à ce qu'ils aient la longueur calculée (observation à la loupe). Il sera bon de comparer aux
masses titrées d'une balance de précision.

Enrouler ces tronçons sur un cylindre convenablement choisi pour qu'ils fassent respectivement
un ou deux tours, soit sur une baguette de verre
de 1 cm. 1 de diamètre extérieur environ.

Pour les divisions du gramme, on pourra faire le
demi-gramme avec du fil de cuivre de 1 mm. de
diamètre et les autres avec du fil d'aluminium de
même épaisseur.

On enfermera cette catégorie dans un petit « tube
à collections », de 7 cm. de long sur 1 cm. 6 de
diamètre environ.

5. Confection d'une tare. — Prendre des galets
de diverses grosseurs, de manière qu'ils présentent
à peu près les mêmes masses qu'une série de poids
titrés. Ajouter quelques grammes d'un gravier dont
les grains auront 3 à 5 mm. de coté. Avec une pro-
vision de tare de ce genre on arrivera très vite à
tarer une masse quelconque.

**6. Mesure de l'aire d'une surface quelconque à
l'aide de pesées.** — On peut se proposer de calculer la superficie d'un département, du bassin d'un
cours d'eau, d'un lac, etc...

Calquer sur un papier assez fort mais suffisam-

ment transparent le périmètre de la surface dont
on veut connaître l'aire. Encadrer ce périmètre
dans un rectangle dont on déterminera les dimensions et l'aire d'après l'échelle de la carte (fig. 22);
on pèsera le rectangle de papier puis on découpera
la surface d'étude et où la pèsera à part. Il est
évident que les aires sont proportionnelles aux
masses des morceaux de papier qui les représen-
tent; l'aire cherchée se déduira donc des données
obtenues à l'aide d'une proportion.

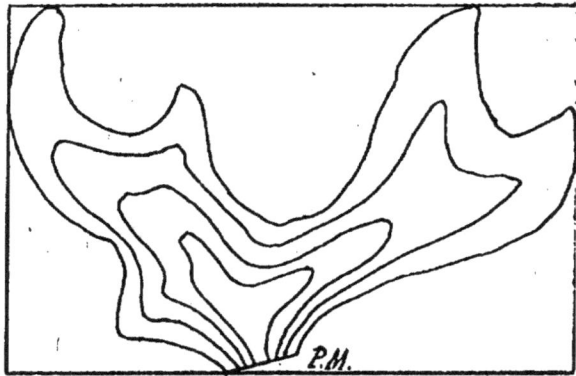

Fig. 22.

En répétant cette opération pour les *courbes de
niveau* équidistantes d'une vallée comprises entre
un plan vertical transversal donné et un plan horizontal supérieur déterminé, on aurait le moyen de
calculer la *capacité de la vallée* entre les limites en

question, c'est-à-dire la capacité du réservoir formé par un barrage construit au plan vertical indiqué et atteignant le niveau du plan horizontal supérieur.

7. Déterminer la longueur de fil métallique contenu dans une botte donnée. — Couper un mètre de ce fil, le peser. Peser la botte entière. Le quotient du poids total par le poids du mètre donnera avec une exactitude suffisante la longueur en mètres du fil enroulé.

8. Jaugeage d'un récipient à une capacité déterminée. — Soit à jauger un ballon à 100 cm³. Prendre un ballon à fond plat de dimensions convenables et coller une bande de papier gommé sur le col ; le poser dans l'un des plateaux de la balance avec une masse titrée de 100 gr. à côté et tarer. Retirer ensuite les 100 gr. et rétablir l'équilibre en versant de l'eau. Marquer d'un trait net le niveau de l'eau, au-dessous du ménisque. Pour parfaire l'équilibre, il sera bon de se servir d'une pipette permettant de verser goutte à goutte ou de retirer de faibles quantités de liquide à volonté.

9. Graduation d'un récipient. — On peut se proposer de graduer une éprouvette à pied, ou autre, en cm³, un bocal ou un vase à précipiter, etc... Supposons qu'il s'agisse d'une éprouvette à pied de 100 cm³ de capacité.

Coller une bandelette de papier gommé le long de l'éprouvette et la poser sur le plateau de la balance avec une masse titrée de 100 gr. à côté. Tarer. Retirer les 100 gr. et rétablir l'équilibre avec de l'eau. Marquer d'un trait le dessous du ménisque en posant l'éprouvette sur une table bien horizontale. Reporter l'éprouvette sur le plateau et placer 10 gr. à côté. Retirer de l'eau au moyen d'une pipette pour rétablir l'équilibre ; on marquera ainsi le trait de 90 cm³. Avec 20 gr. de masses titrées dans le plateau on aura le trait de 80 cm³ et ainsi de suite ; on descendra de 10 en 10 jusqu'à 10 cm³. On pourra ensuite subdiviser en 10 parties égales chacune des divisions ainsi obtenues.

REMARQUE. — Pour ce genre de graduation il peut être avantageux de graduer simultanément plusieurs appareils ensemble. Pour cela, quand on a obtenu un trait de jauge déterminé, on verse le liquide successivement dans les différents récipients, *mouillés d'avance*, ce qui permet de marquer immédiatement chaque trait sans nouvel ajustage.

10. Graduation d'une pipette en dixièmes de cm³. — Prendre un tube de 0 cm. 8 de diamètre intérieur et de 25 à 30 cm. de long, effilé à un bout. Coller dessus une bande étroite de papier gommé. Remplir ce tube de mercure jusqu'à un certain point voisin de l'orifice large que l'on marquera

avec soin, A, (fig. 23). Laisser couler le mercure
dans une petite nacelle sur la balance et tarer.
Reverser le mercure dans une autre nacelle
et le remplacer par des masses titrées afin
d'avoir sa masse exacte, M. Reprendre un
peu de mercure avec la pipette jusqu'à un
point voisin de la pointe B, et le reverser
dans la nacelle sur la balance. Retirer de la
masse titrée précédente pour rétablir l'équilibre; la masse qui reste est égale à celle, m, du
mercure contenu entre les deux traits A B.
Soit l la distance de ces traits, 13 gr. 5 la masse
d'un centimètre cube de mercure; on déterminera au moyen de ces données : 1° la longueur de la partie cylindrique du tube qui
correspond à une capacité de 1 cm³.,
$\frac{l \times 13,5}{m}$; 2° la distance du point B au point qui
correspond à une capacité de 1 cm³
depuis la pointe, $\frac{(13,5 - M + m)\, l}{m}$. On aura ainsi les éléments de la graduation qui pourra se faire ensuite
aisément en dixièmes de centimètre cube jusqu'à
10 cm³.

Fig. 23

SIXIÈME SÉRIE

Masses spécifiques (Flacon).

1. Confection de flacons à densités pour les solides. — Prendre des « cols droits » de dimensions variées : 3o cm³; 9o, 25o; roder les bords avec un peu d'émeri et d'eau sur une lame de verre, roder de même un petit disque de verre qui fera obturateur pour le flacon.

2. Densité d'un solide. — On opérera sur des échantillons de métaux usuels, fer, plomb, cuivre, zinc, argent des pièces de monnaie; sur des minéraux, etc...

Remplir exactement le flacon avec de l'eau, le sécher à l'extérieur et le placer sur l'un des plateaux de la balance avec l'échantillon étudié à côté. Tarer. Retirer l'échantillon et le remplacer par des masses titrées. Retirer le tout. Mettre l'échantillon dans le flacon et refermer sans air; reporter sur la balance et faire de nouveau l'équilibre avec des masses titrées. Le quotient des deux masses donne la densité demandée.

3. Autre méthode. — Peser exactement l'échantillon donné, le plonger dans l'éprouvette graduée dans laquelle on aura mis de l'eau jusqu'à une division déterminée : la surélévation du niveau permet d'évaluer le volume à 1/2 cm³ près. Évaluer le degré d'approximation de l'opération.

4. Densité d'un sable ; rapport de la capacité des vides du sable tassé au volume total. — Prendre environ 80 cm³ de sable et peser ; mettre 50 cm³ d'eau dans l'éprouvette graduée et verser le sable dans cette eau en ayant soin de faire dégager l'air ; l'élévation du niveau de l'eau indique le volume plein des morceaux de roches qui constituent le sable ; on en déduira la densité moyenne des roches en question. D'autre part la graduation donne le volume global du sable et permet de calculer la capacité des vides ainsi que le rapport de cette capacité au volume global.

Si le sable est suffisamment régulier, on pourra remarquer que, versé ainsi dans l'eau, il se tasse toujours de la même manière et occupe le volume minimum, car la même quantité de sable sec occupe toujours un volume supérieur.

5. Densité d'un bois léger. — Prendre une bague de caoutchouc qui servira à maintenir l'obturateur sur l'orifice du flacon, obligeant le bois à rester immergé.

6. Flacons à densités pour les liquides. — Prendre des flacons comme ceux des pharmaciens, de dimensions variées, comme pour les solides. Marquer sur le goulot un trait de jauge correspondant à un nombre exact de centimètres cubes de capacité, nombre qui donnera un calcul simple, autant que possible.

7. Densité d'un liquide. — Remplir le flacon du liquide étudié jusqu'au trait de jauge et le porter sur la balance; tarer. Vider le flacon et rétablir l'équilibre avec des masses titrées qui donnent la masse du volume connu de liquide.

Il serait bon de vider et sécher parfaitement le flacon et de recommencer la pesée après avoir vidé une première fois sommairement; on aurait ainsi la masse de liquide qui reste adhérente au verre et l'on pourrait évaluer l'erreur qui en résulte.

Mesurer le diamètre intérieur du goulot à la hauteur du trait de jauge et calculer le volume qui correspond à une tranche de o cm. 1 d'épaisseur à cet endroit, afin d'évaluer le degré d'approximation de la mesure.

8. Chercher les densités de solutions salines à des degrés connus de concentration. — Opérer avec l'hyposulfite de sodium, par exemple. Faire des solutions renfermant 5, 10, 15..... 45, 50 gr. de sel dissous dans 100 cm³ d'eau (chaque groupe de la classe pourra faire une solution particulière ou deux). Prendre les densités et comparer l'ensemble des résultats. Construire la courbe.

Déduire de ces résultats la quantité de sel contenu dans l'unité de volume de chacune des solutions (courbe).

9. Densité du sodium. — On déterminera la densité de l'essence de pétrole, puis, avec le flacon à densités pour solides, on déterminera la densité du sodium par rapport à cette essence. Le produit des deux nombres donnera la densité par rapport à l'eau.

10. Déterminer la section et le diamètre d'un fil métallique par pesées. — Prendre une longueur bien connue du fil, 40 cm. par exemple ; déterminer le poids d'eau qu'il déplace dans un petit flacon à densités de solides ; pour cela, le tarer à coté du flacon plein d'eau dans la balance, puis l'introduire dans le flacon comme pour déterminer la densité et rétablir l'équilibre avec des masses titrées. On aura ainsi son volume. La section et le diamètre se déduiront du volume et de la longueur, désormais connus.

On pourrait en même temps déterminer la densité du métal si on ne la connaissait pas. Si on la connaissait, il suffirait de peser le fil ; on calculerait ensuite le volume aisément.

11. Calibrage d'un petit tube. — Prendre un tube à lumière étroite, y faire pénétrer un peu de mercure pour faire une colonne de 5 cm. de longueur environ. Amener cette colonne près de l'une des extrémités en inclinant légèrement le tube, bouchant l'extrémité basse avec le doigt et donnant de légères secousses. Disposer le tube sur une glace horizontale argentée, M,(fig. 24), et marquer à l'aide d'un pinceau à lavis fin deux traits aux extrémités de la colonne, en s'orientant pour cha-

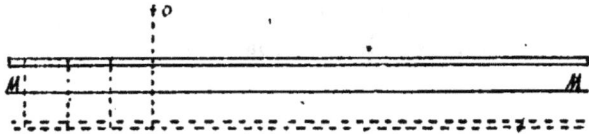

Fig. 24.

que point sur la ligne déterminée par ce point et par son image dans la glace. Déplacer la colonne, de manière que l'extrémité postérieure vienne occuper exactement la place qu'occupait antérieurement l'autre extrémité et marquer la nouvelle position de celle-ci. Repousser encore plus loin, et ainsi de suite, de bout en bout.

On pourra ensuite remplir un certain nombre (le plus grand possible) des divisions d'égale capacité ainsi déterminées, avec du mercure et peser ; cela permettra de calculer la capacité d'une division.

Il sera intéressant de construire la courbe des longueurs qui correspondent ainsi à une même capacité pour se rendre compte des variations de section d'un tube qui parait extrêmement régulier.

SEPTIÈME SÉRIE

Vases communicants.

1. Observer le niveau de l'eau dans un vase.
— Mettre de l'eau dans un flacon assez grand (2
litres par exemple), et le poser sur un support bien
stable. Chercher à voir par-dessous la surface libre
du liquide ; elle fait l'office de miroir et se distingue
assez bien à cause de cela. On la verra sous
l'aspect d'une ellipse plus ou moins aplatie ; l'apla-

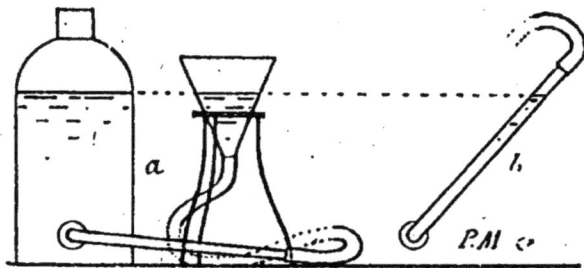

Fig. 25.

tissement augmente quand on remonte l'œil, et il
arrive un moment où la surface paraît se réduire à
une simple ligne horizontale sans épaisseur ; le

centre de l'œil est alors *au niveau* de l'eau dans le
vase. Ne pas confondre cette ligne avec une autre
beaucoup moins nette qui se trouve au-dessus à
une distance d'environ o cm.

3. Il sera bon de placer le
vase entre le jour et l'observateur.

2. Vases communicants. —
Prendre un flacon de deux
litres, à tubulure inférieure;
ajuster au bouchon de la tubulure un tube coudé à angle
droit ayant au moins 1 cm.
de diamètre intérieur, la
grande branche ayant au
moins la hauteur du flacon *a*
(fig. 25) ; raccorder le tube
coudé par un tuyau de
caoutchouc de 25 à 3o cm. de
long, avec un entonnoir posé
sur un trépied. Les tubes de
jonction reposeront sur la
table.

Verser de l'eau dans l'entonnoir. Quand l'eau est en

Fi.g 26.

repos, observer le niveau du flacon *a* en se pla-
çant de manière à pouvoir observer le niveau du
second vase en même temps. Constater que les

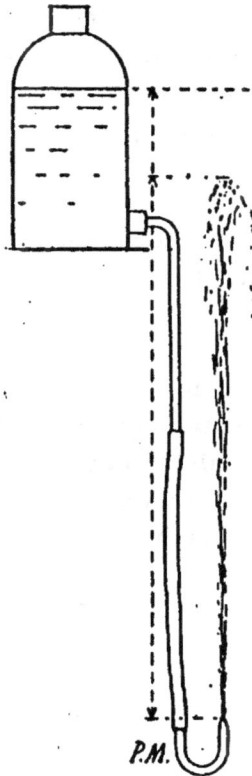

deux niveaux se rapprochent l'un de l'autre et finissent par se fixer sur la même ligne.

Faire passer toute l'eau dans le flacon qui devra être alors à peu près plein et redresser le tube ; constater que l'eau atteint encore le même niveau dans le flacon et dans le tube, alors même que celui-ci est penché.

Renverser le tube coudé (fig. 26), après y avoir raccordé un tube deux fois recourbé et effilé. Mesurer la hauteur du jet d'eau ainsi obtenu et la distance de l'ajutage au niveau de l'eau du flacon.

8. Usage du niveau d'eau. — Différence de niveau de deux points. — (a) Placer le trépied du niveau en un point d'où l'on puisse viser la mire posée aux points d'étude. Mettre de l'eau dans le niveau de manière à remplir les fioles à moitié et ajuster l'instrument de manière qu'en le tournant autour de son

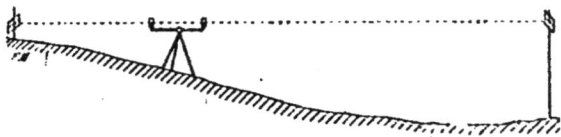

Fig. 27.

axe les niveaux de l'eau ne se déplacent que faiblement par rapport aux fioles. Faire placer l'aide avec la mire sur le premier point, (mire bien verticale, se servir du fil à plomb pour la dresser). Tourner le

niveau de manière à voir la seconde fiole cachée à
moitié par la première et cachant le bord du voyant
(fig. 27). Faire signe à l'aide pour déplacer le voyant
jusqu'à ce que la ligne médiane horizontale paraisse
au niveau du liquide dans les fioles. Faire alors fixer
le voyant ; l'aide notera la division de la règle
correspondant au repère.

Recommencer avec la mire placée sur le deuxième point. Prendre bien garde de déplacer le
pied du niveau ; la différence des cotes donnera la
différence de niveau des deux points.

(*b*) Si l'on veut comparer aux deux premiers
points un troisième que l'on ne puisse pas observer
de la première station du niveau, on déplacera le
niveau pour le poster en une station intermédiaire

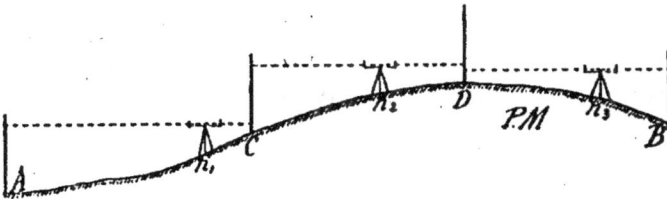

Fig. 28.

au nouveau point et à l'un des premiers ; on opérera
comme à la première station en visant successivement sur les deux points considérés. (Pour le
transport du niveau, boucher les fioles.)

(*c*) Pour déterminer la différence de niveau
entre deux points éloignés, A, B, (fig. 28), on pren-

dra des points intermédiaires, C, D..... et des station correspondantes pour le niveau ; n^1, n^2, n^3.....
Appelons *coup avant* la première visée faite sur un point, par exemple sur C, quand le niveau est en n^1, entre A et C; *coup arrière* la seconde visée, telle que celle faite sur C quand le niveau est en n^2, entre C et D; il n'y aura qu'un coup arrière sur A et qu'un coup avant sur B. Dès lors, pour trouver la différence de niveau entre A et B, on fera la

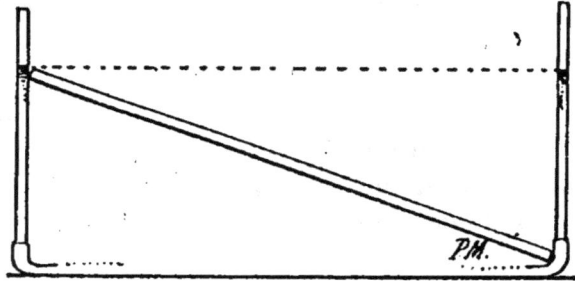

Fig. 29.

somme de tous les coups avant et celle des coups arrière. La différence de ces deux sommes est la différence de niveau cherchée, B étant plus haut que A si la somme des coups avant est la plus grande.

4. Différence de niveau entre deux points d'une même salle ou de deux salles voisines. — Prendre un tube de caoutchouc, ou une série de tubes, assez long pour joindre les deux points ; adapter deux tubes de verre aux extrémités et remplir d'eau la conduite ainsi constituée jusqu'à 15 ou 20 cm. de l'orifice des tubes de verre. Disposer l'un des tubes auprès de l'un des points, de manière que ce point soit au niveau de l'eau. On disposera l'autre tube de manière à pouvoir mesurer la distance verticale du second point au niveau de l'eau (1).

Ce moyen permet d'obtenir très exactement la *pente* de la glace qui nous sert de *plan incliné* avec le dispositif de la fig. 29.

5. Equilibre de liquides différents dans des vases communicants. — Faire un système de vases communicants avec deux tubes de verre de 1 cm. 5 de diamètre intérieur, l'un de 100 cm., l'autre de 15 cm. de long, en les réunissant par un tube deux fois recourbé, à lumière étroite, comme l'indique la fig. 30. Verser du mercure dans le système de manière à faire une colonne de 5 cm. de hauteur dans chaque vase ; verser ensuite de l'eau dans le grand tube, de manière à le remplir presque complètement. Mesurer la hauteur de la colonne d'eau et la différence de niveau du mercure dans les deux vases ; calculer le rapport de ces hauteurs.

Fig. 30.

(1) S'assurer qu'il ne reste pas d'air enfermé dans les tubes; pour cela, commencer par amener les tubes de verre auprès l'un de l'autre pour voir si l'eau y atteint bien le même niveau.

HUITIÈME SÉRIE

Principe d'Archimède

1. Vérification du principe d'Archimède pour le cas d'un corps submergé. — Prendre une éprou-

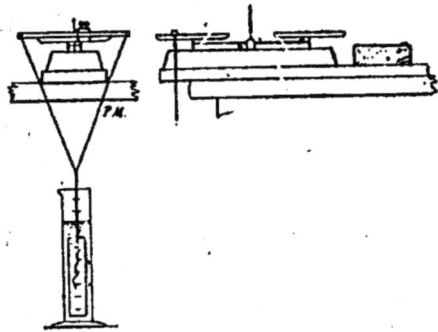

Fig. 31.

vette graduée de 100 cm³ avec 60 cm³ d'eau dedans. Prendre d'autre part un morceau de métal ayant un volume d'environ 3o cm³ et muni d'un fil d'attache pour le suspendre au-dessous de la balance hydrostatique.

Faire la tare, le morceau de métal étant suspendu. Amener l'éprouvette au-dessous de la balance et

immerger complètement le bloc. Rétablir l'équilibre
rompu avec des poids titrés qui donneront la
valeur de la poussée (1).

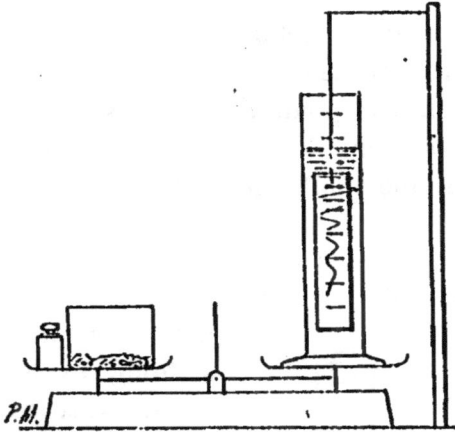

Fig. 32.

Noter la surélévation du niveau de l'eau dans
l'éprouvette ; elle donne le volume du corps
immergé. On constatera que le poids d'un égal
volume d'eau est précisément égal à la poussée
mesurée par les poids titrés du plateau.

**2. Mesure de la réaction exercée sur le liquide
par un corps soutenu et immergé.** — Attacher le

(1) Pour transformer une balance de Roberval ordinaire en balance hydrostatique, la poser sur une planche un peu lourde reposant en « porte à faux »
sur le bord d'une table, fig. 31, de manière qu'elle déborde la table d'un peu
plus de la moitié du plateau; mettre une règle d'écolier sur ce plateau, on y
attachera les corps à suspendre au moyen de deux fils de longueur convenable.

morceau de métal précédent à un support quelconque, de manière à pouvoir le suspendre au-dessus d'un des plateaux de la balance, disposer dans ce plateau une éprouvette graduée contenant de l'eau, et tarer.

Faire plonger le métal dans l'eau et rétablir l'équilibre, au moyen de masses titrées, dans l'autre plateau (fig. 32); le poids de ces masses est égal à la poussée que subit le solide immergé; or il mesure la réaction que subit l'éprouvette.

8. Equilibre des corps flottants. — Prendre un tube à essai de 1 cm. 5 de diamètre environ avec

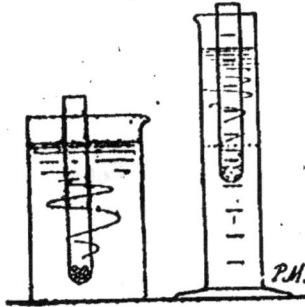

Fig. 33.

quelques grains de plomb au fond, et le disposer dans un vase assez large contenant de l'eau, afin de le charger de manière qu'il émerge de 3 à 4 cm. seulement et qu'il pèse, sec, avec le plomb qu'on y met, un nombre exact de grammes (20, p. ex.). Ainsi. réglé, on le plongera dans une éprouvette graduée contenant par exemple 60 cm³ d'eau. Constater que la surélévation du niveau de l'eau dans l'éprouvette correspond à un volume d'eau dont la masse est égale à celle du tube flottant (fig. 33).

Mettre un poids de 5 gr. dans le tube et constater qu'il déplace 5 cm³ de plus.

4. Emploi de l'aréomètre-balance de Nichol-son. — Déterminer la densité d'un minéral (usage presque exclusif de cet instrument).

Plonger l'appareil dans l'eau, mettre l'échantillon de minéral sur la nacelle supérieure et ajouter du plomb pour faire affleurer au repère marqué

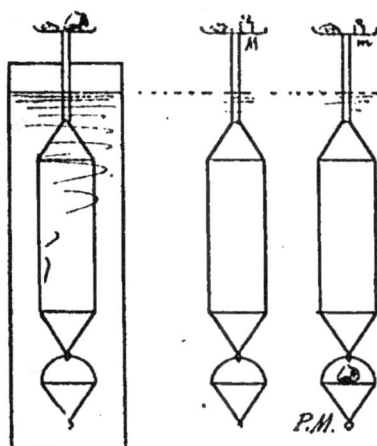

Fig. 34.

préalablement sur la tige. Retirer l'échantillon et rétablir l'affleurement au moyen de masses titrées; on aura ainsi sa masse, M.

Retirer les masses précédentes, disposer l'échantillon sur la nacelle inférieure et replonger dans l'eau. Rétablir l'affleurement au moyen de masses

P. MORIN 4

titrées, *m*. On aura ainsi la masse d'un égal volume d'eau.

**5. Emploi de l'aréomètre Baumé pour les liqui-
des plus lourds que l'eau.** — (*a*) Déterminer les
degrés des divers acides du laboratoire.

(*b*) Faire des mélanges renfermant respectivement 3o, 6o, 9o, 120 et 15o gr. d'acide sulfurique
avec de l'eau dans 100 cm³ de liquide; déterminer
le degré B^é pour chacun d'eux; construire la *courbe*
qui donnera *les poids d'acide* sulfurique par litre
en fonctions des degrés B^é (1).

**6. Détermination des densités à l'aide de la
balance hydrostatique.** — (*a*) Solides. — Disposer

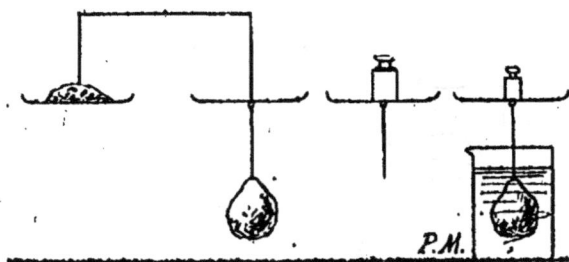

Fig. 35.

(1) Pour faire ces mélanges, peser le poids voulu d'acide dans une éprouvette graduée; mettre d'autre part, dans un ballon jaugé à 100 cm.3 un
volume d'eau un peu inférieur à la différence entre 100 cm.3 et le volume
de l'acide. Verser peu à peu l'acide dans l'eau, en ayant soin de refroidir et
reverser le mélange dans l'éprouvette graduée vide. Laisser refroidir à la
température ordinaire et mettre dans le ballon un volume d'eau égal à la
différence entre 100 cm.3 et le volume du premier mélange. Mélanger de
nouveau et, si le volume est encore un peu inférieur à 100 cm.3, mettre le
complément d'eau dans l'éprouvette et mélanger définitivement.

l'échantillon avec le cordon qui servira à le suspendre dans la balance et tarer. Retirer l'échantillon et refaire l'équilibre avec des masses titrées.
Oter ces masses, suspendre le corps au-dessous de
la balance et l'immerger dans l'eau. Rétablir l'équilibre avec des masses titrées. Calculer le rapport
des deux masses.

(b) Liquides. — Faire une ampoule de verre d'un
volume de 25 cm³ environ, lestée avec du plomb de
manière à peser environ 50 gr. La suspendre au-
dessous du plateau de la balance hydrostatique
avec un fil fin de nature appropriée au liquide
d'étude et tarer. Déterminer une fois pour toutes
le volume de cette ampoule en l'immergeant dans

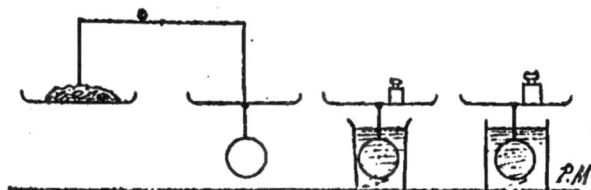

Fig. 30.

l'eau et mesurant la poussée qu'elle éprouve. Pour
avoir la densité d'un liquide usuel, il suffira, après
avoir taré, d'immerger l'ampoule dans le liquide
donné et de rétablir l'équilibre avec des masses
titrées, ce qui donnera la masse d'un volume de
liquide égal au volume de l'ampoule.

On pourra déterminer ainsi les densités des mélanges d'eau et d'acide sulfurique étudiés plus haut et construire la *courbe des densités* en fonction de la *teneur en acide*.

7. Usage des densimètres. — On pourra comparer les résultats précédents à ceux que donnent les densimètres du commerce.

NEUVIÈME SÉRIE

Écoulement des liquides à l'air libre.

1. Écoulement par un orifice en mince paroi. — Prendre le flacon tubulé de la 7ᵉ série avec un tube de caoutchouc d'environ 6o cm. adapté au tube coudé. A l'extrémité du caoutchouc disposer un tube de verre droit de 10 cm. de long, 1 cm. de diamètre intérieur, effilé court et fin (orifice de o cm. 1 environ).

Remplir le flacon d'eau jusque vers la naissance de la partie courbe, au niveau d'un trait que l'on marquera d'avance, et disposer le tube effilé verticalement, son orifice à 90 cm. au-dessous du niveau du flacon. Laisser couler l'eau et reverser du liquide dans le flacon, avec précaution, de manière à maintenir le niveau constant à o cm. 1 près. L'écoulement sous niveau constant étant bien réglé, recueillir dans une éprouvette graduée l'eau qui s'écoule pendant une minute (montre à secondes ou clepsydre). Noter le volume recueilli.

Recommencer l'expérience en remontant l'orifice

d'écoulement à 40 cm. du niveau du flacon, puis à 10 cm. Comparer les résultats et en déduire la loi.

2. Ecoulement par tubes étroits. — Au lieu de l'ajutage précédent, adapter à l'extrémité du caoutchouc un petit bout de tube à lumière étroite (o cm. 15 par exemple). Disposer l'orifice de cet ajutage à 10 cm. au-dessous du niveau du flacon et mesurer le débit pour une minute.

Recommencer en ajoutant un tube semblable, de 30 cm. de long, de manière à faire couler l'eau à 40 cm. au-dessous du niveau supérieur, puis à 90 cm. Voir dans quel sens la relation qui paraît exister entre les débits et les charges (hauteurs de chute), s'écarte de la précédente.

3. Principe des vases à réaction. — Couder à angle droit un tube de 100 cm. de long et o cm. 15 de diamètre intérieur près de l'une des extrémités. Faire passer l'autre extrémité dans un bouchon où l'on plantera deux clous pour faire un axe perpendiculaire au plan de courbure du tube. Placer cet axe horizontalement sur un support convenable. Raccorder l'extrémité voisine du bouchon par un tube de caoutchouc bien flexible avec un flacon tubulé assez grand ; celui-ci sera de préférence disposé en flacon de Mariotte (fig. 37).

Faire couler l'eau et observer le mouvement du

tube coudé. Noter l'écart par rapport à la position d'équilibre. Faire varier la charge sur l'orifice d'écoulement en soulevant ou abaissant le flacon réservoir et constater les variations de l'écart.

Avec un ressort à boudin taré, on pourrait obliger le tube à conserver sa position d'équilibre pendant l'écoulement et mesurer ainsi la réaction. En faisant varier les charges on obtiendra des débits différents ; il sera alors intéressant de comparer les débits correspondants à des pressions d'écoulement différentes et mesurées.

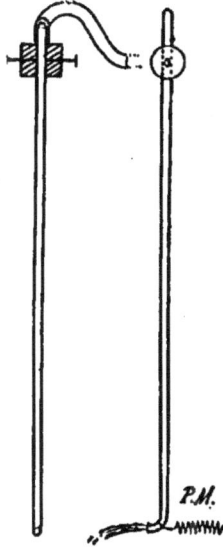

Fig. 37.

4. Perte de charge dans les conduites d'eau. — Construire une conduite avec les tubes suivants, A : 100 cm. de long, 0,8 de diamètre intérieur ; B : $l=50$, $d=0,4$; C : $l=50$, $d=0,2$; D, E, F, : $l=25$, $d=0,1$. Tubes recourbés en U, sauf le dernier, et raccordés par des tubes à entonnoir de 1 m. de long, comme l'indique la fig. 38.

Raccorder l'orifice libre de la grosse extrémité de la conduite avec le flacon tubulé plein d'eau et disposer celui-ci de manière que son niveau soit à 50 cm. au-dessus de l'orifice d'écoulement situé à l'autre extrémité et d'abord fermé. On constatera que le niveau du liquide est partout le même dans les tubes droits quand la conduite est bien remplie sans bulles d'air.

Laisser couler l'eau en maintenant constant le niveau dans le flacon. Mesurer les abaissements de niveau qui se produisent dans les divers tubes verticaux et déterminer le débit de la conduite.

Recommencer ces déterminations en soulevant le flacon à 80 cm., 120 et 200. Pour ces dernières charges, fermer les tubes ouverts près du flacon.

5. Filtration à travers du sable très fin. — Prendre un tube de verre d'environ 25 cm. de long sur 1 cm. de diamètre intérieur, de section aussi uniforme que possible; disposer à l'une de ses extrémités un petit bouchon dont la base intérieure est recouverte de papier filtre et sillonnée de fines rainures entre-croisées, bouchon percé d'ailleurs longitudinalement de quelques petits trous a(fig. 39). Engager l'extrémité ainsi munie dans une sorte d'ajutage effilé, b.

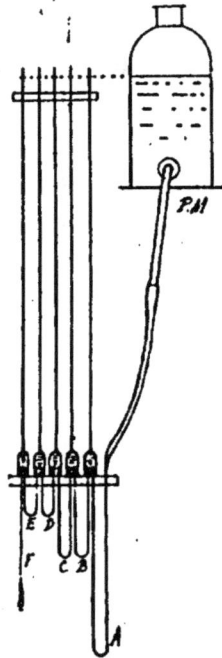

Fig. 38.

Plonger l'ajutage dans l'eau de manière à faire monter le liquide à une certaine hauteur au-dessus du bouchon. Verser alors dans le tube une masse connue de sable siliceux très fin obtenu par lévigation, (grains de $\frac{1}{20}$ mm. par exemple), de manière à faire une colonne de 4 à 5 cm. de hauteur.

Raccorder cet appareil au flacon tubulé et amener le niveau de l'eau à 30 cm. au-dessus de l'orifice d'écoulement préalablement dégagé.

L'eau s'écoulera goutte à goutte. On pourra constater d'abord que toutes les gouttes sont de même volume en les recueillant dans un petit tube à essai portant un trait de jauge et en comptant à différentes reprises le nombre de gouttes qu'il faut pour atteindre le trait. Cela fait, il suffira de compter le nombre de gouttes qui passe dans une minute pour évaluer le débit.

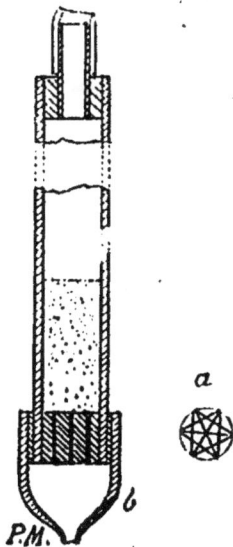

Fig. 39.

On fera varier ensuite la hauteur du niveau libre au dessus de l'orifice d'écoulement (charge) ; on fera varier la hauteur de la colonne filtrante, sous la charge maxima, en ajoutant de nouvelles masses de sable égales à la première.

Enfin on changera de sable en conservant les mêmes hauteurs (et masses), mais avec des grains plus fins.

On pourrait aussi faire **varier le liquide**, et même la température.

Plus tard on comparera les lois déduites de ces expériences à celles qui règlent l'intensité des courants électriques dans les fils conducteurs.

DIXIÈME SÉRIE

Phénomènes de tension superficielle.

1. Observer la forme de la surface d'un liquide sur les bords de cette surface. — On prendra un verre ordinaire, avec de l'eau puis avec du mercure. On plongera ensuite dans le liquide une baguette de verre puis un tube à lumière étroite (o cm. 2 par exemple).

2. Observer les déformations marginales de surface dans une nappe étendue à bords rectilignes. — Prendre une cuvette pour opérations photographiques 9 $\times$ 12, en celluloïd noir ; verser sur le fond une mince couche de mercure et observer dans le miroir ainsi obtenu l'image d'une droite verticale (bord de fenêtre, fil à plomb), de manière que cette image coupe obliquement l'un des bords du miroir, définir le sens de la déformation marginale et mesurer approximativement la distance au bord du point où elle paraît commencer.

Reprendre la même expérience avec de l'eau; comparer le sens et l'étendue des déformations de l'image.

3. Mesure et comparaison des dénivellations capillaires. — Avec un col de ballon cassé faire un manchon de 2 cm. 5 de diamètre que l'on fermera par un bout avec un bouchon. Dans ce bouchon adapter trois tubes en J dont les lumières auront respectivement o, cm. 5 0,15 et 0,05 de diamètre intérieur ; l'ensemble forme un trépied que l'on posera sur la table (fig. 40).

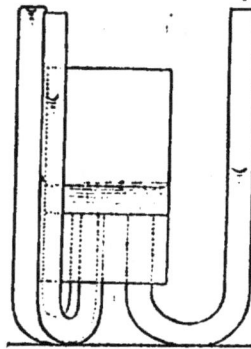

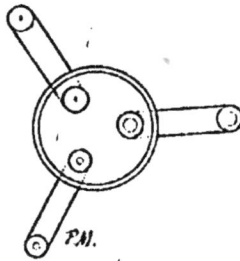

Verser du mercure dans le manchon à 1 cm. environ d'épaisseur; chasser, en soufflant, les bulles d'air qui pourraient rester enfermées dans les tubes, et mesurer les hauteurs des sommets des quatre ménisques au-dessus de la table et calculer les dénivellations dans les tubes par rapport au manchon.

Fig. 40.

Remplacer le mercure par de l'eau et opérer de même.

Comparer les dénivellations de l'eau et du mercure dans chacun des trois tubes.

On cherchera à déterminer, en se servant d'une bonne règle métrique et d'une loupe, les diamètres des lumières des tubes au dixième de millimètre près, et l'on fera pour chaque liquide le produit du diamètre d'un tube par la dénivellation correspondante. Comparer ces produits et déduire la loi qui semble ressortir de la comparaison.

4. Expérience des glaces convergentes. — Prendre deux morceaux de glace à peu près carrés, de 20 cm. de côté environ. Mettre une petite bande de verre de 0 cm. 2 d'épaisseur sur 1/2 cm. environ de largeur entre les glaces sur un bord ; faire toucher les bords opposés et consolider le tout au moyen de deux bagues de caoutchouc placées aux extrémités. Les glaces, bien lavées d'avance, seront mouillées dans toute leur étendue et le dièdre ainsi formé sera mis dans une cuvette 13 × 18 en verre contenant un peu d'eau, son arête étant verticale.

Mesurer les distances de quelques points de la courbe à l'arête du dièdre et au niveau de l'eau dans la cuvette. Pour chaque point, faire le produit de ces distances et comparer les résultats.

5. Autre expérience avec les mêmes glaces. — Tenir une des glaces verticalement, le pied dans l'eau de la cuvette ; appuyer le pied de l'autre contre

celui de la première et l'approcher progressivement.
Constater l'ascension de l'eau et remarquer qu'à un
certain moment les deux glaces s'approchent l'une
de l'autre et se fixent avec une grande force. On
ne pourra même les détacher qu'en les faisant glisser
latéralement l'une sur l'autre.

**6. Ascension de l'eau dans le papier buvard,
dans le sable fin.** — Plonger dans l'eau différentes
bandelettes de papier filtre et mesurer les hauteurs
qu'atteint le liquide par imbibition.

Dans un tube d'un mètre de long faire une colonne
filtrante avec du sable fin (1/20 mm.), de manière
à remplir presque complètement le tube. Constater
que l'écoulement du liquide s'arrête lorsque le
niveau de l'eau est descendu à la limite supérieure
du sable quoique les interstices soient encore
pleins de liquide. Déduire de là le rôle de
l'argile dans le sol à l'égard de l'eau profonde.

**7. Expériences montrant l'existence d'une ten-
sion superficielle des liquides.** — (*a*) Plier un fil
d'acier (baleine de parapluie), comme l'indique la
figure 41. Passer l'œillet fait à l'une des extrémités
d'un fil d'aluminium dans le coude *a* et rattacher
par un fil le milieu de ce dernier à un dynamomètre
très sensible. Plonger l'équipage métallique dans
une cuvette 9 × 12 contenant de l'eau de savon, le
fil d'aluminium portant sur la partie *a b*. Retirer

de l'eau et tirer sur le fil d'aluminium en le maintenant appuyé sur la partie courbe *a c*. Observer ce qui se passe. Mesurer l'effort de la traction nécessaire pour étendre la lame d'eau.

8. — (*b*) Faire un anneau de fil de fer d'environ 9 cm. de diamètre muni d'un petit manche ; le plonger dans la cuvette d'eau savonneuse et le retirer

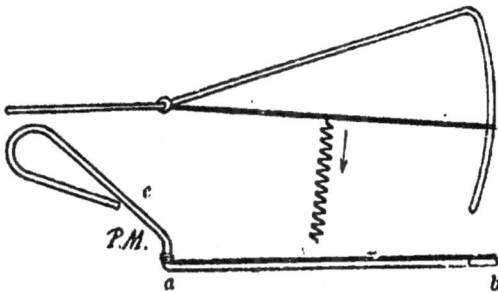

Fig. 41.

en le relevant d'abord d'un côté pour l'amener verticalement. Sur la lame liquide ainsi obtenue, jeter un fil de 9 à 10 cm. de long, noué en boucle, et mouillé préalablement. Toucher la lame liquide à l'intérieur de la boucle avec un petit tortillon de papier filtre et observer ce qui se passe.

Avec une lame mince sur l'anneau on pourra constater l'élasticité de cette lame en soufflant légèrement dessus de manière à ce qu'elle s'étende sous la pression.

9. Détermination d'une limite supérieure de l'épaisseur des lames d'eau savonneuse. — Faire des bulles de savon gonflées à l'hydrogène et chercher à en faire de très petites. On évaluera approximativement le diamètre de la plus petite bulle qui possède encore une force ascensionnelle appréciable. Au moyen du poids du litre d'air normal et de celui du litre d'hydrogène saturé d'humidité, on déduira par le calcul une limite supérieure de l'épaisseur de la lame d'eau qui entoure ces bulles.

10. Gouttes d'eau et de divers liquides. — Avec une pipette graduée, compter le nombre de gouttes qui correspondent à deux centimètres cubes de divers liquides pour l'orifice de la pipette considérée, après avoir constaté que toutes les gouttes d'un même liquide, données par le même orifice, sont égales. Chercher s'il existe une relation entre le volume d'une goutte de divers liquides et la dénivellation capillaire des mêmes liquides dans un même tube étroit.

ONZIÈME SÉRIE

Extension aux gaz des principes d'hydrostatique

1. Transvasement du gaz carbonique ou du chlore. — Expérience classique. — Pour le chlore, opérer dehors.

2. Augmentation du poids d'un récipient où l'on comprime de l'air. — Prendre un flacon à goulot, de 1 litre, le fermer avec un bon bouchon muni d'une valve, comme celles des pneumatiques de bicyclettes, ficeler solidement et mastiquer à l'arcanson. Tarer ce flacon dans une balance et y comprimer de l'air avec la pompe vélo. Constater l'augmentation de poids. Tarer de nouveau; ouvrir la valve pour expulser l'air comprimé; reporter le flacon dans la balance, et rétablir l'équilibre avec des masses titrées.

3. Poussée qu'exercent les gaz sur les corps qui y sont plongés. — Prendre un ballon de 1 litre à col court (cassé par exemple, et dressé); le fer-

P. MORIN   5

mer par un bon bouchon qui porte un petit **piton** et le suspendre au-dessous de la balance hydrostatique dans un seau en verre assez grand pour le renfermer complètement. Tarer. — Faire arriver un courant de gaz carbonique (ou de chlore si l'on opère

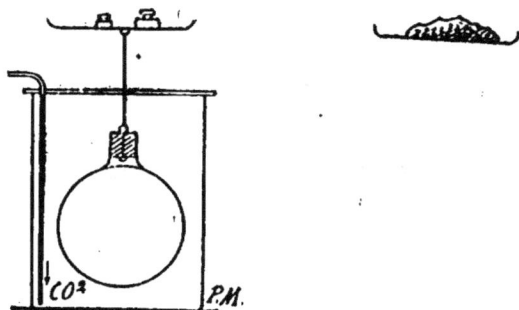

Fig. 42.

dehors) au fond du seau. — Observer le mouvement de la balance et rétablir l'équilibre avec des masses titrées (fig. 42).

4. Autre expérience. — Gonfler à l'hydrogène un petit ballon de caoutchouc, comme ceux qu'on donne en jouets aux enfants; y attacher une petite nacelle en papier dans laquelle on mettra de la tare jusqu'à ce que le tout se maintienne en équilibre dans l'atmosphère.

Pour calculer le volume, mesurer le diamètre de la sphère, ou plutôt trois diamètres perpen-

diculaires deux à deux, et appliquer la formule : $V = \frac{11}{21} d^1 d^2 d^3$. On pourra ensuite
dégonfler le ballon et peser caoutchouc, nacelle et
tare; on en déduira la force ascensionnelle d'un
litre d'hydrogène.

5. Transmission de pression par les gaz. —
Prendre deux « cols droits » de 30 à 50 cm³ de capacité, A,B, (fig. 43), avec des bouchons de caoutchouc à deux trous; l'un sera muni d'un tube de
verre droit de 105 cm. de long sur 0 cm.4 de diamètre
intérieur, l'autre aura un tube droit, court, raccordé
à un tube à entonnoir C, par un tuyau de caoutchouc long de 150 cm. environ. En outre, deux
tubes de raccordement permettront de relier ces
flacons avec un autre tuyau de caoutchouc à peu
près de même longueur que le précédent. L'un de
ces derniers tubes est en T et muni d'un bout de
tube de caoutchouc avec pince en guise de robinet.

Pour vérifier le principe de Pascal avec cet appareil, mettre de l'eau dans les 2 vases, fermer en R,
verser de l'eau en C et soulever ce réservoir; on
constatera que les deux dénivellations sont égales,
quelle que soit la position relative des deux flacons.
En particulier, si l'on met A aussi haut au-dessus
de B que le permet le tuyau de raccordement, on
trouve la même hauteur; et si, dans cette disposition,
on remplaçait le tube de 105 cm. par un tube effilé

sortant à peine du flacon, l'eau jaillirait et l'on aurait ainsi l'appareil antique connu sous le nom de Fontaine de Héron (1).

Cet appareil peut servir à comparer les densités de deux liquides; en effet, on pourra d'abord constater avec du mercure en A et de l'eau en B que les deux colonnes soulevées ont des hauteurs inversement proportionnelles à leurs densités (déduction faite des dénivellations capillaires). Dès lors, on remplira A aux 2/3 avec un liquide d'essai. En B on versera de l'eau avec un tube à entonnoir très effilé qu'on soulèvera de manière à faire une dénivellation de 100 cm. dans le tube de A. Le rapport de la hauteur de la colonne d'eau à celle de l'autre colonne exprime la densité du liquide d'essai. Comme la hauteur du liquide d'essai est 100 cm., le rapport a la même expression que la hauteur de la colonne d'eau donnée en mètres.

On pourra étudier par cette méthode les densités

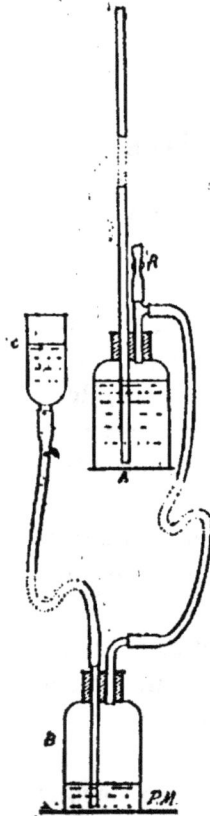

Fig. 43.

(1) Eviter le présence de l'air dans le tube de caoutchouc.

des solutions d'hyposulfite et d'acide sulfurique préparées précédemment.

La dénivellation capillaire dans le tube de 105 se déterminera préalablement; avec l'eau et une lumière de 0 cm. 4 de diamètre, elle est d'environ 0 cm. 6.

6. Expérience de Torricelli. — Prendre un tube de un mètre de long, un centimètre de diamètre intérieur, et fermé à un bout; y verser d'abord 50 cm. de mercure, puis l'incliner en s'appuyant sur la table et fermant l'orifice de manière à étendre le mercure dans presque toute la longueur. Le redresser doucement. On chasse ainsi les bulles d'air qui étaient restées adhérentes au verre, entre celui-ci et le mercure. — Recommencer cette manœuvre en ramenant en-dessus le côté du tube qui était d'abord en-dessous. Verser encore 40 cm. de mercure et chasser comme précédemment les bulles d'air adhérentes. Achever le remplissage, fermer l'orifice avec le doigt et retourner dans un petit cristallisoir contenant du mercure pour déboucher sous ce liquide.

Mesurer la hauteur au-dessus de la table des niveaux du mercure dans le cristallisoir (cuvette) et dans le tube. Incliner le tube et constater que la hauteur verticale du niveau du mercure au-dessus de la table ne varie pas sensiblement.

7. Mesure de la hauteur barométrique au Fortin. — Régler d'abord le niveau du mercure dans la cuvette, au moyen de la vis spéciale, de manière que la pointe d'ivoire touche le mercure, mais sans y produire la moindre déformation (rectitude des images de droites). Monter ou descendre le curseur de manière que le dessous paraisse exactement tangent au sommet du ménisque; lire les millimètres directement et les dixièmes de millimètre au vernier.

8. Variation de la hauteur barométrique avec l'altitude.

— Observer successivement le baromètre Fortin à la cave et au grenier, ou mieux, si le pays est convenablement accidenté, faire les observations en des stations présentant la plus grande différence d'altitude possible. Dans les excursions en pays accidenté, on emportera un baromètre anéroïde.

9. Expérience du crève-vessie.

— Mouiller un morceau de vessie récemment séchée et ficeler solidement sur le manchon spécial. Faire sécher. Enduire le bord libre d'un peu de vaseline et poser sur la platine de la machine pneumatique. Fermer la communication avec le manomètre et raréfier l'air rapidement. Observer la forme que prend la membrane et, si elle tarde à crever, donner dessus et au centre un petit coup de couteau.

10. Hémisphères de Magdebourg.

— Expérience classique.

DOUZIÈME SÉRIE

Variations corrélatives de la force élastique d'une masse de gaz et de son volume

1. Observations avec la pompe à bicyclette. — Tirer le piston de la pompe, fermer le tube de refoulement et comprimer. Constater que l'effort nécessaire pour maintenir l'air comprimé augmente de plus en plus, à mesure que le volume diminue.

Abandonner le piston et constater qu'il revient au point de départ, si la pompe est en bon état.

2. Force expansive des gaz. — Prendre une vessie de porc à moitié gonflée d'air; ficeler hermétiquement l'orifice, et la poser sur la platine de la machine pneumatique avec la cloche par-dessus. Raréfier l'air et observer la vessie. — Laisser rentrer l'air.

3. Déformation d'un ballon de caoutchouc gonflé d'air sous l'influence d'une pression. —

Prendre un ballon de caoutchouc gris de 12 à 15 cm. de diamètre, l'enduire de craie et le poser sur une glace A (fig. 44). Au moyen d'une planche articulée B C, formant levier, et d'un seau D, on exercera une pression sur le ballon qui s'aplatira et dessinera à la craie une trace ronde sur la glace. Calculer les étendues des traces obtenues avec des

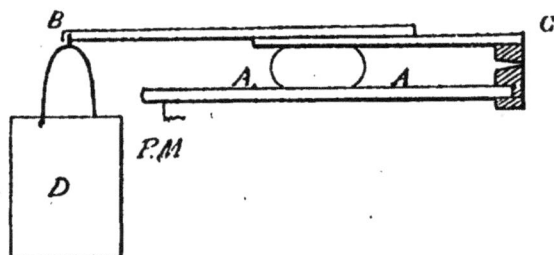

Fig. 44.

charges régulièrement croissantes en mettant 1/2 litre d'eau à la fois dans le seau.

4. Vérification approximative de la loi de Mariotte. — L'usage des appareils classiques — tube de Mariotte, cuvette profonde, — est indiqué dans tous les cours ; l'appareil suivant, assez facile à construire, serait préférable.

Deux réservoirs d'une capacité d'environ 100 cm³., représentés A B (fig. 45), l'un pourvu d'un robinet et gradué par 10 cm³., sont réunis par un tuyau de caoutchouc pouvant supporter une assez forte pression intérieure, comme ceux qu'on ooplime

pour les raccords de pompe à bicyclette ; ce tuyau
aura une longeur d'environ 170 cm. Les réservoirs
seront fixés à des planchettes qui pourront elles-
mêmes se fixer à différentes hauteurs sur une planche verticale.

Mettre du mercure en B de manière
à pouvoir remplir exactement A et
qu'il reste encore un peu de liquide
en B. L'appareil constitue un excellent
baromètre à siphon. Pour mesurer
la pression atmosphérique, faire
passer le mercure de A au-dessus
du robinet ouvert ; fermer ce robinet
et soulever A (chambre) au-dessus
de B, de manière que le mercure passe
presque complètement dans ce second
réservoir (cuvette). Mesurer la différence de niveau. (Attendre un peu et
mesurer de nouveau pour voir si le
robinet ne laisse pas rentrer d'air.)
En remontant la cuvette, on pourra
s'assurer que la chambre était bien
purgée d'air.

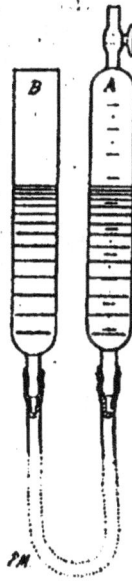

Fig. 45.

1re SÉRIE D'EXPÉRIENCES. — Après avoir déterminé
ainsi la pression atmosphérique, H, remonter la
cuvette, ouvrir le robinet, laisser pénétrer 100 cm³.
d'air dans la chambre et refermer. Descendre la
chambre, ou remonter la cuvette, de manière à
ramener le volume d'air successivement à 80, 60,

5o, 3o cm³, et noter à chaque fois la différence de niveau h avec le volume correspondant.

2ᵉ Série. — Faire évacuer une partie de l'air précédemment enfermé pour n'en laisser que 20 cm³ à la pression ambiante, et refermer le robinet. Soulever la chambre, ou abaisser la cuvette, de manière à faire passer le volume successivement à 3o, 4o, 5o,..... 100 cm³., et noter encore à chaque fois la différence de niveau. On effectuera les calculs comme l'indique le tableau :

SÉRIE	EXPÉRIENCE	HAUTEUR baromêtr. H	HAUTEUR manomêtr. h	FORCE élastique $P = H \pm h$	VOLUME V	PRODUIT $P \times V$
I	1					
	2					
II	1					
	2					

Moyenne des produits ; 1ʳᵉ série........... 2ᵉ série...........

Écart maximum ;   —   ....   —   ....

Rapport : Ec./Moy. ;   —   ....   —   ....

5. Mesurer la pression effective du gaz d'éclairage dans les conduites de ville. — Prendre un tube en U ayant des branches de 15 à 20 cm. de long ; verser de l'eau de manière à remplir la moitié des branches du tube. Raccorder un côté du tube, à l'aide d'un tuyau de caoutchouc, à un robinet de gaz et ouvrir celui-ci. Mesurer la différence de niveau.

6. Constater les variations de la pression atmosphérique aux divers étages d'une maison avec un flacon manométrique. — Prendre un flacon d'un litre, de forme longue (fig. 46) ; le bien envelopper de flanelle ou de drap molleton ; y adapter un bouchon percé de 2 trous portant l'un un robinet, l'autre un tube manométrique à lumière étroite (1 mm. de diamètre). Mettre de l'eau colorée dans ce tube de manière à atteindre le milieu de la hauteur des deux branches; fermer le robinet, le flacon étant posé par terre. On montera le flacon d'abord vers le haut de la salle où l'on a fait la

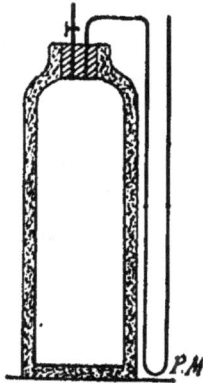

Fig. 46.

préparation et l'on constatera déjà une différence de niveau sensible. On le transportera ensuite à la cave, au grenier, et l'on notera les nouvelles dénivellations. En pays accidenté, on emportera le flacon en excursion, et l'on pourra même, par ce moyen, faire le nivellement sommaire d'une colline, relever le profil en long d'un chemin, etc,..

Calculer l'erreur que l'on commet en considérant comme constant le volume d'air enfermé, alors que la dénivellation produite est de 20 cm.; voir si cette erreur est négligeable avec les dimensions précédemment indiquées.

7. Etudier les variations de la pression du gaz aux divers étages d'une maison. — Il suffit de refaire l'exercice n° 5 aux divers étages pourvus de conduites de gaz. On pourra déduire des résultats la force ascensionnelle du gaz, ou mieux, la densité du gaz par rapport à l'air, si l'on peut opérer en des points présentant entre eux une différence de niveau de 30 à 40 mètres.

Dans une salle, on aura une idée de la même force ascensionnelle (sorte de tirage), au moyen de l'exercice suivant.

8. — Sur un robinet de gaz adapter un tuyau de caoutchouc raccordant un tube en *T*; à celui-ci, raccorder deux tubes de verre effilés au moyen de tuyaux de caoutchouc de 2 mètres de long. Les deux tubes ne donnant pas le même débit de gaz, on intercalera un robinet sur le branchement qui correspond au débit le plus fort. Allumer les jets de gaz côte à côte et régler les flammes de manière qu'elles aient l'une et l'autre une hauteur de 5 cm. Descendre alors l'un des tubes près du sol et porter l'autre près du plafond ; mesurer les nouvelles hauteurs de flammes. Interpréter les résultats.

9. Etude de la pompe de bicyclette. — (*a*) On démontera la pompe et une valve de chambre à air pour en faire un dessin géométral exact et coté. On calculera le volume d'une cylindrée, la capacité de l'espace formé par le cuir embouti, le tube de refoulement et le raccord, pour en déduire la pression maxima que l'on peut atteindre.

(*b*) Fermer le raccord, fixer la pompe verticalement dans un étau et charger le piston de poids croissants, en mesurant à chaque fois le déplacement du piston ; déduire la pression par centimètre carré et voir si les résultats s'écartent beaucoup de ce que la loi de Mariotte permet de calculer.

(*c*) En gonflant une chambre de bicyclette, essayer de voir la position qu'occupe le piston de la pompe au moment où la valve lève (1) pour laisser passer l'air dans la chambre ; en déduire la pression à ce moment.

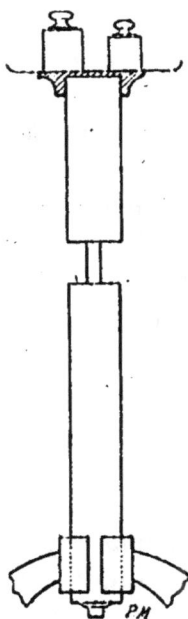

Fig. 47.

(1) Ce qu'on reconnaît à un petit bruit spécial.

10. Mesurer la surface d'appui d'une roue de bicyclette chargée. — Poser la roue arrière de la bicyclette sur un papier goudronné après l'avoir enduite de craie sur une portion convenable du bandage, monter un cavalier léger, puis un lourd sur la machine en faisant à chaque fois l'empreinte de la roue sur la feuille. On prendra les dimensions des deux empreintes et l'on calculera leurs aires par la formule : $S = \frac{22}{7} ab$, a et b étant la demi-longueur et la demi-largeur maxima. Voir approximativement la relation qui existe entre le poids de la machine et du cavalier et la surface d'appui.

L'expérience ayant été faite une première fois avec une chambre fortement gonflée, la recommencer après avoir dégonflé un peu.

Avec un manomètre spécial on pourrait comparer les pressions intérieures et les surfaces d'appui pour une même charge et constater que ces grandeurs sont inversement proportionnelles.

11. Construire un manomètre à air libre pour pressions supérieures à l'atmosphère. — L'appareil indiqué précédemment pour la vérification de la loi de Mariotte peut être employé à cet usage, il constitue en effet un *manomètre flexible;* il suffira de relier le robinet de la chambre au récipient dans lequel on veut mesurer la pression et de régler la position de la cuvette pour maintenir l'équilibre. On pourra mesurer ainsi jusqu'à 3 kilogs par centimètre carré de pression absolue, soit 2 kilogs de surpression.

A défaut de cet appareil on peut prendre un petit « col droit » de 5o cm³ aux 3/4 plein de mercure, y adapter un bon bouchon solidement fixé ; à travers ce bouchon on fera passer un tube droit vertical de 160 cm. de long sur o cm. 5 de diamètre intérieur et un tube coudé, court, le premier tube plongeant jusqu'au fond, le second affleurant sous le bouchon ; le tout sera fixé au long d'une planche verticale.

12. Étudier la loi d'accroissement de la pression dans un récipient où l'on refoule du gaz avec une pompe de compression. — Prendre un flacon à goulot de 5oo cm³, muni d'une valve et d'un tube à robinet, qu'on raccordera avec le manomètre précédent. Pomper avec la pompe à bicyclette et noter les hauteurs du manomètre après des nombres connus de coups de piston. On construira la courbe des pressions en fonction du nombre de coups de piston.

18. Déterminer la pression atmosphérique exacte avec un tube de Torricelli contenant de l'air. — Faire un tube de Torricelli de 1 cm de diamètre intérieur sur 100 cm de long ; le remplir de mercure sans précautions spéciales et le retourner sur une cuvette à mercure ; il contiendra un peu d'air dans la chambre. Marquer sur le tube un point qui, corresponde à la moitié de la capacité de la chambre barométrique actuelle. Déterminer la hauteur de la colonne mercurielle en mesurant les distances des niveaux au-dessus de la table *horizontale*.

Incliner le tube de manière à réduire la chambre barométrique à moitié ; déterminer la distance verticale du niveau du mercure dans le tube à la table. Faire la différence avec la première. Cette différence indique l'augmentation de la force élastique de l'air enfermé et, comme celle-ci a doublé, la force élastique primitive. On ajoutera donc cette différence à la première hauteur et l'on aura ainsi la hauteur qu'aurait atteint le mercure s'il n'y avait pas eu d'air, c'est-à-dire la hauteur barométrique.

TREIZIÈME SÉRIE

Écoulements de liquides dans lesquels intervient la pression atmosphérique.

1. Obtention d'un débit constant à l'aide du flacon de Mariotte. — Prendre un flacon de deux litres tubulé au bas; placer dans le goulot un bouchon traversé par un tube de 4 mm. de diamètre intérieur, et pouvant s'enfoncer plus ou moins (fig. 48). A la tubulure inférieure, adapter un tube à robinet. — On constatera la constance du débit pour une position déterminée du tube supérieur, à partir du moment où l'air rentre par l'orifice inférieur du tube droit. — On pourra établir plusieurs charges différentes et comparer les débits correspondants.

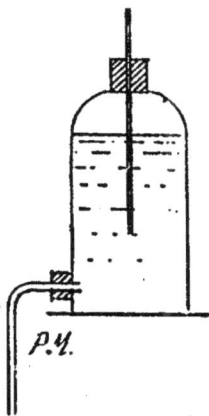

Fig. 48.

2. Fonctionnement du siphon. — Prendre une

petite cloche à douille de 100 cm²; adapter à la
douille un bouchon traversé par un tronçon de
tube de verre muni d'un raccord de caoutchouc. A
l'ouverture de la cloche adapter un autre bouchon
muni de deux tubes de verre droits, de
7 à 8 mm. de diamètre intérieur et longs,
l'un de 100 cm., l'autre de 30. — Disposer
le tout, comme l'indique la figure 49, avec
deux cristallisoirs dont l'un, le supérieur, sera plein d'eau, tandis que l'autre
contiendra juste assez de liquide pour immerger l'orifice inférieur du grand tube.

A l'aide du tube de la douille, aspirer
un peu d'air et pincer le tube de caoutchouc. Constater l'égalité des hauteurs
des colonnes d'eau soulevées dans les
deux tubes.

Aspirer davantage, de manière à faire
arriver l'eau jusque dans la cloche par
le tube court, fermer le tube de caoutchouc et observer ce qui se passe.

3. Siphon ordinaire. — Plier un tube
de verre de 100 cm. de long à 20-25 cm.
d'une extrémité; amorcer et faire fonctionner le siphon ainsi formé.

Fig. 49.

4. Fonctionnement de la trompe à eau. —
Ouvrir le robinet d'eau de la trompe et mesurer le

· débit en laissant le tube d'aspiration librement
ouvert dans l'atmosphère. Recommencer la mesure
du débit en fermant le tube d'aspiration et observer
ce qui se passe dans l'ampoule. Comparer
les débits.

Mesurer la raréfaction maxima qu'on
peut obtenir à la trompe en reliant la
tubulure d'aspiration à un tube de verre
de 100 cm. plongeant verticalement dans
une cuvette de mercure; on comparera
la hauteur de la colonne mercurielle
ainsi soulevée à la hauteur barométrique.

Cette mesure pourra s'effectuer en
hiver quand l'eau est très froide et en
été quand elle est notablement plus
chaude; on comparera alors les résultats.

5. Principe de la trompe à mercure.
— Prendre un tube de 150 cm. de long, à
lumière étroite (0 cm. 15 de diamètre
au maximum), auquel un entonnoir
cylindrique de 2 cm. de diamètre aura
été soudé préalablement. Adapter à
l'entonnoir un bouchon *bien mastiqué*
traversé par deux tubes : l'un, à entonnoir et robinet, l'autre, simplement
coudé (fig. 50), qui se raccordera au tube

Fig. 50.

manométrique employé pour la trompe à eau.

Faire plonger l'extrémité inférieure du tube capil-

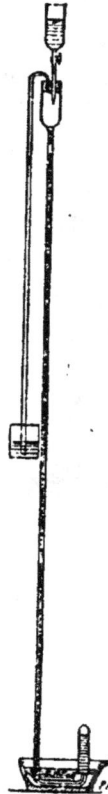

laire dans une cuvette à mercure et verser du mercure dans l'entonnoir à robinet.

Fermer d'abord le tube d'aspiration, faire tomber une goutte de mercure dans le tube capillaire et observer; voir si la colonnette de mercure s'arrête en chemin, mesurer sa longueur. Verser une autre goutte de mercure, puis une série d'autres et arrêter l'écoulement quand il y a un certain nombre de gouttes dans le tube. Mesurer les hauteurs des colonnettes d'air et de mercure.

Mettre le tube d'aspiration en communication avec le manomètre et faire couler de nouveau le mercure. On pourra arrêter l'écoulement à un certain moment et comparer à la hauteur barométrique la somme des colonnettes capillaires et de la colonne manométrique.

Si le tube capillaire est coudé deux fois à angle droit à son extrémité inférieure, on pourra recueillir dans une éprouvette l'air entraîné par l'écoulement du mercure.

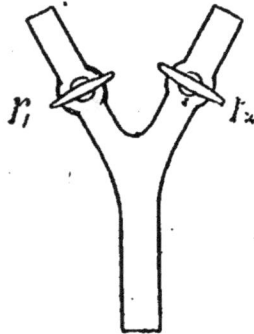

Fig. 51.

6. **Emploi, comme machine pneumatique, de l'appareil indiqué pour vérifier la loi de Mariotte.** — Adapter au tube à robinet de la chambre un autre tube en Y portant lui-même deux robinets

r_1 r_2, sur les 2 branches non raccordées (fig. 51).
La branche r_1, par exemple, sera mise en communication avec le récipient dans lequel on veut faire
une raréfaction de gaz. Le robinet de la chambre
ne servira pas.

Fermer r_1 et ouvrir r_2; soulever la cuvette de
manière à faire arriver le mercure au-dessus de r_2;
fermer r_2 et abaisser la cuvette; ouvrir r_1 jusqu'à ce
que le mercure prenne son niveau d'équilibre, le
mercure ayant passé presque entièrement de la
chambre dans la cuvette. Fermer r_1 et remonter la
cuvette jusqu'à ce que le niveau du mercure soit
sensiblement le même de part et d'autre; ouvrir r_2
et chasser l'air aspiré précédemment. Recommencer la même manœuvre jusqu'à ce que l'on ait obtenu le degré de raréfaction voulu.

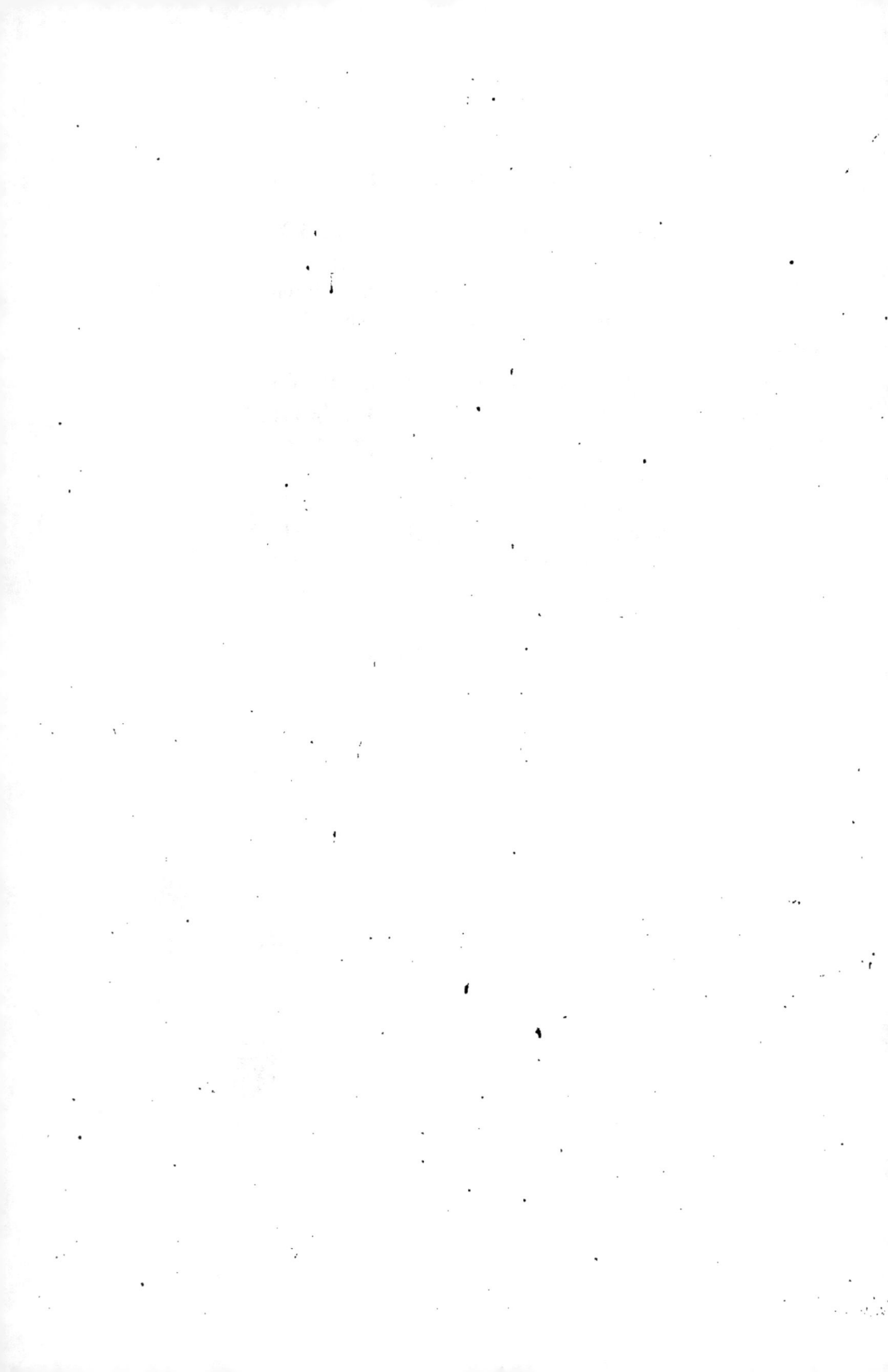

DEUXIÈME PARTIE

CHALEUR

PREMIÈRE SÉRIE

Dilatations.

1-2. Expériences classiques du pyromètre à cadran et de l'anneau de S'Gravesende.

3. Allongement d'un fil tendu horizontalement. — Prendre un fil de fer de 0cm.1 de diamètre et 150 à 200 cm. de long, le tendre horizontalement

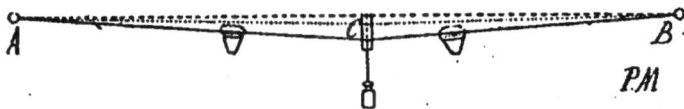

Fig. 52.

entre deux vis et suspendre une masse de 50 gr. au milieu. Il prendra la forme brisée ACB, (fig. 52). Disposer une réglette verticale le long du fil, dans la région moyenne, et marquer sa position par un trait de crayon.

Chauffer les deux moitiés par des becs Bunsen à flamme plate que l'on déplacera le long du fil. On notera la nouvelle position du fil lorsqu'il sera notablement échauffé et on laissera refroidir.

Connaissant la longueur du fil et le déplacement du point milieu, on pourra calculer l'allongement.

L'expérience pourra se faire avec projection de l'image du fil et l'on pourra ainsi obtenir une notable amplification du déplacement.

4. Débouchage d'un flacon bouché à l'émeri. — Enfoncer le bouchon de manière à devoir faire un effort notable pour le retirer. Chauffer le goulot pendant dix à quinze secondes en le tournant dans la flamme, de manière à obtenir une température uniforme sur tout le pourtour; le bouchon se retirera alors avec la plus grande facilité parce que le goulot s'est dilaté.

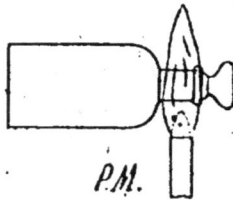

Fig. 53.

Le goulot étant chaud et le bouchon froid, enfoncer celui-ci de manière qu'il puisse se retirer aisément dans ces conditions et laisser refroidir ; quand tout sera refroidi, le débouchage deviendra presque impossible à moins qu'on recommence à chauffer.

5. Dilatation d'un liquide. — Prendre un tube à essais de 12 cm. de long sur 1 cm.2 de diam., le remplir d'alcool coloré et adapter un bon bouchon traversé par un tube de 25-30 cm. de long à lumière étroite (o, cm,1); faire en sorte que l'alcool arrive

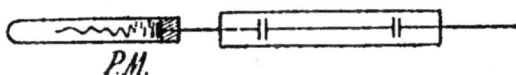

P.M.

Fig. 54.

dans le tube à une faible distance au-dessus du bouchon. Passer une bande de papier quadrillé sur le tube étroit et saisir le réservoir à pleine main en examinant attentivement ce que fait le niveau du liquide dès le début.

On pourra, au moyen d'une montre à secondes, noter les positions successives du niveau à des intervalles de quinze secondes pendant quatre ou cinq minutes et construire la courbe correspondante.

6. Dilatation d'un gaz. — Organiser un appareil semblable au précédent, mais plein d'air et avec un tube moins étroit, plus long, (5o cm.); le plonger, l'orifice en bas, dans une éprouvette à pied contenant de l'eau, *(fig. 55)*. Saisir le réservoir à pleine main et observer ce qui se passe.

Laisser refroidir et observer de nou-

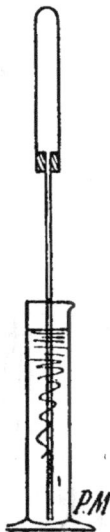

P.M.

Fig. 55.

veau. Les déplacements de niveau permettront d'é-
valuer les variations de pression, ainsi que les variations relatives de volume, si l'on connaît la capacité
du réservoir et la section du tube.

**7. Variation thermique du volume d'une
masse de gaz sous pression constante.** — Prendre
l'appareil précédent à pleine main et enfoncer l'orifice dans un godet de mercure, à o cm.2 environ
au-dessous de la surface libre. Quand il ne sortira
plus de bulles d'air, on prendra l'appareil par la
tige et on y laissera pénétrer une petite colonne de
mercure de 1 cm. de long. Fermer avec un doigt,
disposer l'appareil horizontalement et suivre le
déplacement de l'index de mercure.

Mesurer le déplacement et évaluer la contraction
relative de la masse refroidie.

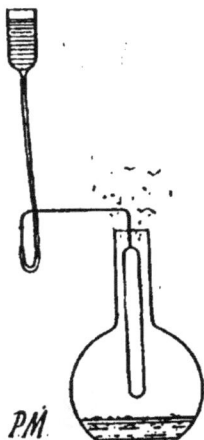

P.M.

Fig. 56.

**8. Variation thermique de la
force élastique d'une masse de
gaz sous volume constant.** —
Tube à esssai de 16 cm. sur 1 cm.6,
muni d'un bouchon traversé par
un tube à lumière étroite, de 20 cm.
de long. deux fois coudé à angle
droit, (*fig.*56). A ce tube, raccorder
un petit entonnoir cylindrique de
2 cm. de diamètre au moyen d'un
tube de caoutchouc pour raccords

de pompes à bicyclettes (longueur = 60 cm.). Le tube coudé sera fixé sur une planchette que l'on tiendra verticalement et sur laquelle on pourra déplacer le tube à entonnoir.

Plonger le tube à essais dans de l'eau froide, mettre du mercure dans l'entonnoir et dans le tube raccord avant d'adapter celui-ci au tube de verre. Régler la position de l'entonnoir pour que le mercure arrive dans le tube de verre en un point bien déterminé (repère). Transporter le tube à essais dans le col d'un ballon où l'on fait bouillir de l'eau en soulevant l'entonnoir de manière à maintenir le mercure au repère.

L'équilibre étant obtenu, on déterminer la hauteur dont il a fallu relever le niveau du mercure de l'entonnoir, et l'on comparera cette hauteur à celle de la colonne barométrique.

Il serait bon de prendre de l'eau glacée pour la première phase de l'expérience ; on aurait ainsi à peu près la variation relative de pression correspondant à une variation de température de 100° ; on verrait de combien elle s'écarte de la fraction $\frac{100}{273}$.

DEUXIÈME SÉRIE

Thermométrie.

1. Construire un thermomètre à alcool. —
Verser de l'alcool coloré dans l'entonnoir du tube
préparé à cet effet. Plonger le réservoir dans
l'eau bouillante (ballon de 250 cm.³); le sortir quand
une certaine quantité d'air s'est dégagée à travers
l'alcool; quelques gouttes d'alcool pénétreront alors
dans le réservoir qu'on replongera dans l'eau
bouillante jusqu'à ce que l'alcool introduit dans le
réservoir ait disparu par ébullition. Faire refroidir
puis bouillir de nouveau et répéter ce genre d'opérations jusqu'à ce que l'on ne voie plus la moindre
bulle gazeuse dans le tube.

On plongera alors le tube ainsi préparé dans une
éprouvette contenant de l'eau à une température
voisine de 80° et assez grande pour qu'il s'enfonce
presque entièrement. Enlever l'excès d'alcool contenu dans l'entonnoir, puis chauffer le tube avec le
dard du chalumeau près de l'entonnoir; une partie
de l'alcool se vaporisera, le verre fondra; alors on

pourra, en étirant, séparer l'entonnoir du tube et
fermer complètement celui-ci.

**2. Vérification des thermomètres du labora-
toire.** — Mettre de la glace pilée dans un vase à
précipiter de 5oo cm.³; plonger les thermomètres
dans la glace et regarder les niveaux de temps à
autre pour reconnaître les positions fixes qu'ils
finissent par prendre. On notera les écarts existant entre le trait marqué zéro et le point d'arrêt,
véritable O°.

Pour les thermomètres à mercure pouvant aller
à 100° et au delà, on disposera chaque appareil dans
un bouchon muni de fentes longitudinales et s'adap-
tant à un ballon à long col. On aura soin de maintenir le réservoir du thermomètre à quelques centimètres au-dessus de l'eau qu'on mettra dans le
ballon. Faire bouillir l'eau et noter la position où
se fixe le mercure. On notera d'autre part la pression atmosphérique et l'on en déduira la vraie
température d'ébullition en tenant compte que le
point d'ébullition aux environs de la pression normale, (76 cm. de mercure), varie d'environ $\frac{1}{27}$ de
degré par millimètre de variation de pression.

Les thermomètres à alcool seront comparés à un
thermomètre à mercure plongeant dans le même
bain.

3. Graduation du thermomètre à alcool. — Le

thermomètre construit précédemment sera plongé dans la glace pilée jusqu'à ce que le niveau de l'alcool reste bien fixe, ce dont on se rendra compte en mesurant sa distance à l'extrémité supérieure de la tige. L'état stationnaire atteint, on notera la distance définitive.

Pour obtenir un point supérieur, voisin de l'extrémité, on opérera par comparaison avec un thermomètre à mercure vérifié. Pour cela on mettra de l'eau à 72-75° dans une grande éprouvette où l'on plongera simultanément le thermomètre type et le thermomètre à graduer. On agitera l'eau au moyen des thermomètres attachés ensemble et quand ils seront à peu près stationnaires, le thermomètre type, à 70°, on mesurera la distance du niveau de l'alcool à l'extrémité supérieure du tube ; on aura ainsi ce qu'il faut pour construire l'échelle. Celle-ci se mettra sur une planchette support ou bien sur le tube lui-même; on gravera à l'acide fluorhydrique.

4. Thermomètre à gaz. — L'appareil de l'exercice n° 8 de la série précédente peut constituer un thermomètre à air. En équilibrant la variation de pression avec une colonne d'eau, ou aura un thermomètre très sensible propre à comparer de faibles différences de température, car une variation de 1 cm. de pression en eau correspondant sensiblement à un quart de degré centigrade.

5. Marche d'un thermomètre dans un milieu de température différente, mais constante. — (*a*) Prendre un thermomètre donnant le cinquième de degré et allant à 4o ou 5o ; noter sa température actuelle ; le placer sous l'aisselle et noter la température qu'il marque, de 10 en 10 secondes ; au bout de quelque temps, la marche se ralentissant beaucoup, on notera seulement de 20 en 20ˢ, puis de 4o en 4oˢ, etc. On notera enfin le point où il s'arrêtera après une dizaine de minutes. Construire la courbe.

On pourra observer de la même manière la marche descendante ·du thermomètre remis dans l'air. Comparer dans les séries d'observations précédentes, au moyen des courbes, les variations de température correspondant à des intervalles de temps égaux et la différence moyenne de la température pendant ces intervalles avec la température finale ; on verra si ces grandeurs s'écartent beaucoup de la proportionnalité.

(*b*) Faire bouillir un demi-litre d'eau dans un ballon d'un litre muni d'un bouchon à deux trous ; disposer dans l'un de ces trous un thermomètre allant à 105°. Faire couler de l'eau froide dans une grande terrine, prendre la température de cette eau et agiter régulièrement le ballon dans l'eau froide. Observer la marche du thermomètre. Courbe. Rapport du refroidissement par seconde à l'excès moyen de la température du ballon sur celle de la terrine ?

Pour faire ces observations, il faudra se mettre à trois : le premier observateur tient une montre à secondes ; le second observe le thermomètre et le troisième note les résutats. Le premier indique au second le moment où l'expérience doit commencer et qui coïncidera avec le passage de l'aiguille au zéro ; à ce moment, le second met vivement le thermomètre sous son aisselle ou le ballon d'eau chaude dans la terrine ; le premier compte haut deux ou trois secondes avant l'instant de chaque observation pour que le second puisse préparer son attention. Le secrétaire enregistre les résultats annoncés par l'observateur du thermomètre.

TROISIÈME SÉRIE

Sources de chaleur et de froid.

1. Chaleur des réactions chimiques. — (*a*) **Combinaison du cuivre ou du fer et du soufre.** — Faire bouillir un peu de soufre dans un tube à essais de 16 cm. ; y projeter un morceau de tournure de cuivre mince et observer ce qui se passe ; ajouter d'autre cuivre tant que se produira l'incandescence.

Pour le fer, mélanger intimement 2 grammes de soufre en fleur et 2 grammes de limaille de fer ; disposer le mélange dans un tube à essais et chauffer jusqu'à ce que l'incandescence du mélange commence à se produire ; on suivra les progrès de la réaction jusqu'à ce qu'elle se soit produite dans toute la masse.

(*b*) **Combinaison d'un acide et d'une base. —** Dans un petit ballon de 100 cm.³ mettre environ 10 cm.³ d'eau acidulée sulfurique à 1/5 d'acide (en volume) ; ajouter peu à peu environ 10 cm.³ d'une solution de soude caustique au cinquième (en poids); agiter constamment le ballon et toucher pour obser-

ver la variation de température ; prendre les températures initiale et finale.

2. Chaleur dégagée par frottement. —

(*a*) Prendre un tube à essais dans lequel on aura préalablement fait fondre un peu de paraffine pour l'étendre sur la plus grande partie des parois internes ; attacher à un point fixe une ficelle qu'on enroulera (un tour), sur le tube ; tendre un peu la ficelle et déplacer le tube de manière à le frotter énergiquement. On verra bientôt la paraffine fondre dans la région frottée.

(*b*) Ce mode de production de chaleur peut être avantageusement employée pour *déboucher un flacon à l'émeri.*

(*c*) Prendre un morceau de fer un peu dur, de 1 cm. de diamètre sur 6 à 7 de long, le pincer dans un étau entre deux planchettes et limer activement. Au bout de quelque temps, on le prendra à la main pour constater l'échauffement.

(*d*) Marteler un morceau de plomb pendant quelque temps.

3. Chaleur dégagée par la compression d'un gaz. —

(*a*) Comprimer de l'air avec la pompe vélo dans

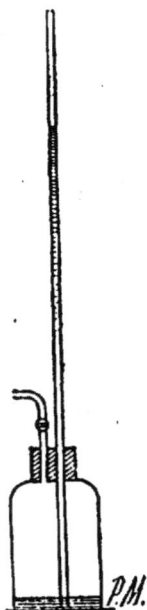
Fig. 57.

un flacon de 1/2 litre contenant un peu de mercure et portant un tube manométrique, (fig. 57) ; noter le point où monte le mercure ; attendre un peu et observer ce qui se passe. Interpréter le résultat.

(b) On constatera l'échauffement de la pompe et, pour reconnaître qu'il n'est pas dû exclusivement au frottement, on fera fonctionner la pompe à l'air libre en donnant un même nombre de coups de piston ; l'échauffement sera notablement moindre.

(c) Faire le vide dans un ballon à robinet assez grand, ou dans le tube de Newton. Ouvrir le robinet en grand et le refermer sitôt que le bruit de la rentrée de l'air a cessé ; attendre quelques instants et ouvrir de nouveau ; on constatera qu'il y a une nouvelle rentrée d'air et l'on refermera encore le robinet aussitôt qu'elle aura cessé. Recommencer la manœuve tant que l'on obtient une rentrée d'air sensible. Interpréter le phénomène.

4. Froid produit par détente d'un gaz. — Comprimer de l'air dans un grand flacon à robinet (3 ou 4 kgs. par cm².). Ouvrir le robinet ; puis le fermer aussitôt que le bruit de l'échappement a cessé ; attendre quelques instants et l'ouvrir de nouveau. On constatera qu'il se produit un nouvel échappement ; refermer le robinet et répéter la manœuvre autant de fois que l'échappement sera perceptible.

Nota. — Il serait bon, dans les expériences pré-

cédentes, d'envelopper le récipient d'une chemise
de triçot de laine.

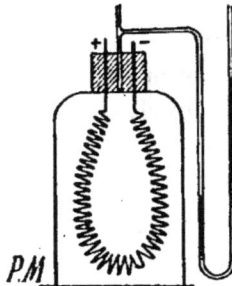

**5. Chaleur produite par un
courant électrique dans un
conducteur.** — (*a*) Reprendre
la disposition de l'exercice 3
de la 1ᵉ série et, au lieu de
chauffer au bec Bun-
sen, faire passer le
courant d'une pile au
bichromate, de 6 élé-
ments, dans le fil de fer.

Fig. 58.

(*b*) Avec un fil de ferro-nickel de 1/2 mm.
de diamètre et 200 cm. de long, faire une
hélice à spires séparées, (15 mm. de diamètre environ); attacher les deux bouts à des
tronçons de fil de cuivre de 3 mm. diamètre.
On fera passer ceux-ci à travers un bouchon pouvant fermer *très bien* un flacon
de un litre; dans ce même bouchon, faire
passer un tube qui permettra de faire communiquer le flacon avec un petit manomètre à mercure.

Mettre le bouchon en place en enfermant
l'hélice dans le flacon (fig. 58); raccorder le
manomètre et faire passer le courant de la
pile de 6 éléments à travers l'hélice pendant
une demi-minute. Observer le manomètre.

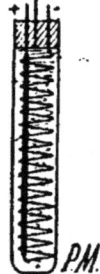

Fig. 59.

(c) Disposer une hélice analogue dans un tube à
essais de 18 cm. plein d'alcool et muni d'un tube à
lumière étroite assez long. Le passage du courant
fera dilater l'alcool d'une manière très sensible
(fig. 59).

QUATRIÈME SÉRIE

Sur les quantités de Chaleur.

1. Quantité de gaz nécessaire pour porter un litre d'eau à l'ébullition dans un ballon de laboratoire. — Si le compteur à gaz est dans le laboratoire, on pourra aisément évaluer la quantité de gaz consommé pour atteindre le résultat demandé en suivant la marche du petit tambour à axe vertical gradué en litres jusqu'à 100 qui se trouve dans les compteurs. On fera l'expérience avec 2 litres d'eau dans un ballon et en se servant d'un réchaud à gaz ordinaire.

Si l'on ne dispose pas du compteur, on pourra se servir d'un réservoir à gaz formé d'un flacon tubulé au bas, de 10 litres de capacité, flacon muni de bouchons et de tubes comme l'indique la fig. 60. On remplira d'abord le flacon complètement avec de l'eau; puis on mettra le tube du goulot en communication avec les conduites

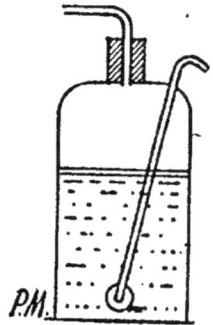

Fig. 60.

de gaz et l'on fera couler le liquide par le tube coudé de la tubulure inférieure. En recevant cette eau dans une carafe jaugée à un litre, on pourra faire une graduation très suffisante du flacon tout en le remplissant de gaz. Cela fait, on mettra ce réservoir en communication avec l'appareil de chauffage par le haut, avec les conduites d'eau par le bas, on réglera le débit du gaz au moyen du robinet d'eau. Opérer dans ce cas sur un litre d'eau.

En admettant qu'un mètre cube de gaz ordinaire donne en brûlant 6000 grandes calories, on déterminera le *rendement* de l'installation employée, c'est-à-dire le rapport de la quantité de chaleur utilisée à la quantité réellement produite par la combustion.

2. Quantité de gaz nécessaire pour vaporiser un poids d'eau connu. — Le ballon précédent ayant été taré d'avance, on notera le volume de gaz brûlé quand l'eau commencera à bouillir ; on laissera bouillir ensuite pendant quelque temps, et on éteindra le feu. On pourra trouver le volume de gaz brûlé pendant l'ébullition. D'autre part, on reportera le ballon dans la balance ; la tare ne faisant plus équilibre, on ajoutera des masses titrées au ballon pour remplacer l'eau vaporisée ; on en connaîtra ainsi la quantité. Calculer d'après cela la quantité de gaz nécessaire pour vaporiser un kilog.

d'eau à 100° et la comparer à celle qu'il faut brûler pour chauffer le même kilog. de o à 100°.

3. Vérifier qu'aux environs de la température ordinaire la quantité de chaleur nécessaire pour échauffer une masse d'eau est proportionnelle à l'échauffement. — Prendre 200 gr. d'eau dans un ballon que l'on plongera dans la glace pilée. Observer très exactement la température de l'air ambiant, t. Dans un second ballon, mettre 200 gr. d'eau que l'on portera à une température $2\ t$; pour cela chauffer à quelques degrés au-dessus de $2\ t$, puis laisser refroidir en agitant fortement l'eau. Au moment où l'eau atteint $2\ t$ en se refroidissant, verser à la fois les 200 gr. à o° et les 200 gr. à $2\ t$ dans un vase à précipiter de 1 litre ; on constatera que le mélange, rendu intime par l'agitation est à la température t. On en déduira que la quantité de chaleur que perd une masse d'eau de $2\ t$ à t, égale la quantité de chaleur nécessaire pour la faire passer de t à $2\ t$, est aussi égale à celle nécessaire pour porter la même masse de o à t.

4. Constater que des masses égales de diverses substances n'exigent pas la même quantité de chaleur pour s'échauffer également. — Dans une boîte en fer blanc de 500 cm³ de capacité, pesée d'avance, prendre 200 gr. d'eau à la température ambiante. Peser d'autre part une bande de tôle de fer d'environ

200 gr., la rouler en spirale ; disposer ce fer dans une capsule où l'on fait bouillir de l'eau pendant assez longtemps pour qu'il prenne la température de l'eau bouillante. Retirer alors le fer au moyen d'un fil attaché d'avance et le plonger immédiatement dans la boîte en fer-blanc. Suivre la marche de la température de l'eau et noter le point où elle s'arrête. Comparer le résultat de cette expérience à celui de la précédente.

5. Comparaison du fer et du plomb au point de vue de la capacité thermique. — Reprendre l'expérience précédente avec une lame de plomb de même poids que la lame de fer, ou mieux, faire simultanément deux expériences avec la même quantité d'eau et des masses égales de fer et de plomb. Il sera avantageux d'employer comme thermomètres des tubes à collections (7 cm.×1 c.6), contenant un peu d'eau céleste, fermés par de bons bouchons et munis de tubes capillaires de même diamètre (fig. 61).

Fig. 61.

6. Détermination d'une capacité thermique. — On reprendra les expériences précédentes avec des précautions spéciales : on disposera la boîte calorimètre à l'intérieur d'une autre un peu plus grande au fond de laquelle on la fera reposer sur 3 petits disques de liège de 1 cm. d'épaisseur; on prendra les températures initiale et finale de l'eau, avec un thermomètre assez sensible pour connaître la variation de température de l'eau à 1/50 de sa valeur. Pour avoir la capacité du calorimètre, on fera deux essais successifs avec des quantités différentes du corps dont on veut connaître la capacité, la quantité d'eau restant la même. Cela donnera un système de deux équations dont la résolution fournira à la fois la capacité du calorimètre et celle de la substance expérimentée.

Lorsqu'on aura opéré avec le fer, on calculera le nombre des calories qu'absorbe le calorimètre par degré, c'est-à-dire la *masse du calorimètre réduit en eau*, et l'on pourra ainsi apprécier l'importance de l'erreur qu'on commettrait en négligeant le calorimètre lui-même.

Connaissant les capacités approximatives du fer et du plomb, on calculera les quantités de chaleur nécessaires pour échauffer de un degré un *atome gramme* de chacune de ces substances, et l'on comparera les résultats.

7. Evaluer la température d'un morceau de fer chaud à l'aide d'une opération calorimétrique. — La capacité thermique du fer étant connue, on chauffera un morceau de fer de 1 cm² de section environ sur 6 à 7 c. de long dans la flamme d'un brûleur Bunsen, de manière à le porter au rouge sombre ; on le jettera dans un petit calorimètre contenant 5o gr. d'eau et l'on déterminera l'échauffement. La quantité de chaleur cédée permettra de calculer le refroidissement du fer et, par suite, sa température initiale.

8. Capacité thermique du sulfure de carbone, du pétrole. — Prendre 5o gr. de sulfure de carbone dans un petit verre de Bohême qu'on plongera dans la glace fondante ; prendre d'autre part 5o gr. d'eau à la température ambiante, bien déterminée, dans un ballon de 100 cm³ en verre très mince. Quand le sulfure de carbone sera à 0°, on le versera dans le ballon et l'on agitera vivement. Noter la température finale et effectuer les calculs en négligeant la capacité du ballon.

Pour le pétrole lampant, on prendra les mêmes masses ; on pourra chauffer le pétrole à une température environ double de la température de l'eau.

9. Détermination approximative de la quantité de chaleur produite dans un temps donné par le pasage d'un courant électrique dans un conducteur. — Avec du fil de ferro-nickel de 1 mm. de diamètre et 3oo cm. de long, faire une hélice à spires de 15 mm. de diamètre. Souder les extrémités à 2 tronçons de fil de cuivre de 3 mm. de diamètre dont l'un traversera un bouchon adapté à l'une des extrémités d'un manchon de verre mince de 2 cm. de diamètre et 20 de long, de manière à enfermer l'hélice dans le manchon. Verser de l'eau de manière à faire une colonne de 20 cm. de haut baignant complètement l'hélice, noter la température et faire passer, pendant une minute, le courant de la pile de 6 éléments au bichromate. Noter l'échauffement et calculer la quantité de chaleur absorbée par l'eau; on négligera celle absorbée par le verre et par le fil.

10. Chaleur de fusion de la glace. — Mettre 200 gr. d'eau à la température ambiante dans le calorimètre. Tarer un morceau de glace de 20 à 25 gr. avec du papier filtre sur la balance, puis le jeter dans l'eau, bien épongé. Agiter et suivre la marche de la température. Noter la température au moment où la glace finit de fondre. Rétablir l'équilibre de la balance au moyen de masses titrées pour connaître la masse de la glace fondue. Calcul.

CINQUIÈME SÉRIE

Passage de l'état solide à l'état liquide et inversement

1. Point de fusion de la stéarine. — Mettre environ 50 gr. de stéarine dans un petit ballon de 100 cm³. Prendre d'autre part deux petites marmites contenant assez d'eau pour qu'on y puisse immerger le ballon (fig. 62). Faire fondre la stéarine à feu nu et porter sa température vers 100°; y plonger un thermomètre maintenu au moyen d'un bouchon à rainures longitudinales; laisser refroidir en agitant vivement. Chauffer d'autre part une des marmites à 50° et l'autre à 60° et plonger le ballon dans l'eau à 50°; on notera la température au moment où la stéarine commence à figer; on reportera alors le ballon dans l'eau à 60°, ce qui fera fondre la stéarine solidifiée; puis on reportera dans l'eau à 50°, en agitant toujours, et ainsi de suite; observer le thermomètre pendant ces différents passages. On constatera

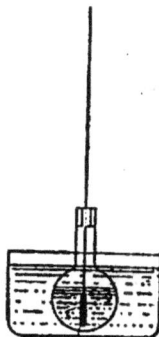

Fig. 62.

sa fixité tant qu'il y aura dans le ballon, à la fois, de la stéarine liquide et de la stéarine solide.

2. Point de fusion du soufre. — Opérer encore dans un petit ballon de 100 cm³, mais chauffer à feu nu et laisser refroidir à l'air. On réchauffera légèrement quand il y aura un commencement de solidification, en ayant bien soin d'agiter. Soumettre ainsi le ballon à des alternatives de refroidissement et de réchauffement faibles aux environs du point de fusion pour constater la fixité du thermomètre. Pour finir, on laissera solidifier la plus grande partie du soufre en constatant que le thermomètre est stationnaire ; puis on retirera celui-ci en attendant la solidification complète.

Il sera intéressant de suivre la marche de la solidification en examinant la disposition cristalline de la matière solide.

3. Phénomène de surfusion dans le phosphore. — Prendre deux tubes à essais de 2 cm. de diam. ; les ajuster dans une petite planchette support, *a*, (fig. 63) ; mettre 4-5 cm³ de phosphore dans chacun d'eux sous une couche d'eau de 5-6 cm. d'épaisseur, Disposer le tout sur un verre de Bohême de 250 cm³, presque plein d'eau.

Chauffer doucement le verre de Bohême sur un trépied en observant un thermomètre qui plonge au fond d'un des tubes à essais, en contact avec le phosphore. On observera ainsi le point de fusion du phosphore, vers 44-5°; on laissera monter la température vers 50°; puis on cessera de chauffer. Suivre la marche de la température pour constater que le phosphore restera liquide vers 30°. A cette température, verser une petite pincée de phosphore rouge dans l'un des tubes et gros comme une tête d'épingle de phosphore blanc dans l'autre, (celui qui contient le thermomètre). On

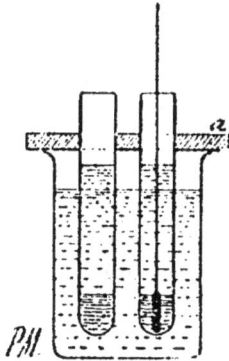

Fig. 63.

constatera que le phosphore du premier tube reste encore liquide pendant que l'autre se solidifie brusquement et se réchauffe; noter la variation du thermomètre qui accompagne la solidification.

4. Variations de volume qui accompagnent la fusion et la solidification. — (*a*) Faire fondre du soufre dans un tube à essais de 12 cm., marquer le niveau du liquide sur une bande de papier gommé et abandonner au refroidissement. Suivre la marche de la solidification et examiner ce qui se passe à la surface du liquide.

(*b*) Effiler un tube à essais de 10 cm, le remplir presque complètement d'eau. Pour cela, le chauffer légèrement pour chasser une partie de l'air par dilatation; plonger brusquement la pointe effilée dans de l'eau froide, de manière à en faire pénétrer 2-3 cm.[3]; faire bouillir et vaporiser complètement l'eau introduite et replonger vivement la pointe effilée dans l'eau froide; le tube se remplira presque complètement. Chauffer alors la pointe effilée, au chalumeau, un peu au-dessus du niveau de l'eau et faire fondre le verre pour fermer le tube.

Plonger l'ampoule ainsi obtenue dans un mélange réfrigérant. On constatera qu'elle éclate au moment où l'eau commence à se congeler.

(c) Prendre la densité de la glace à zéro. Mettre dans une balance, avec un papier filtre, un morceau de glace de forme et de dimensions telles qu'il puisse entrer dans une éprouvette à pied graduée, de 250 cm.[3], son volume propre étant d'environ 100 cm.[3], Mettre 100 cm.[3] d'eau à o° dans l'éprouvette et tarer le morceau de glace. Le sécher avec le papier filtre et le mettre dans l'éprouvette, puis reporter le papier dans la balance. Avec la pointe d'une baguette de verre effilée faire immerger la glace et lire la nouvelle division qu'atteint le niveau de l'eau; on aura ainsi le volume de la glace. En établissant l'équilibre de la balance avec des masses titrées, on aura sa masse, d'où, en définitive, on déduira la densité.

(d) En hiver, si l'on traverse une période de fortes gelées, on prendra un petit flacon à goulot étroit, de 100-150 cm.[3]; on le remplira d'eau jusqu'à

la base du goulot et on le mettra à passer la nuit
dehors dans un endroit bien exposé à l'air. Le len-
main matin, on reprendra le flacon pour l'examiner;
on mesurera la longueur du cylindre de glace qui se
sera formé dans le goulot (et souvent au-dessus).

5. Phénomène du regel. —

Prendre un bloc de glace dont la
section ait environ 10×10 c., l'appuyer sur deux tables approchées
à 4 cm. l'une de l'autre, passer au-
dessus un fil d'acier de 1/2 mm.
de diamètre dont lesdeux bouts
se rattacheront au-dessus et porteront un sac dans lequel on
aura mis environ 15 kilogs de
sable (fig. 64.) Fairel'expérience
dehors par un temps de gelée.

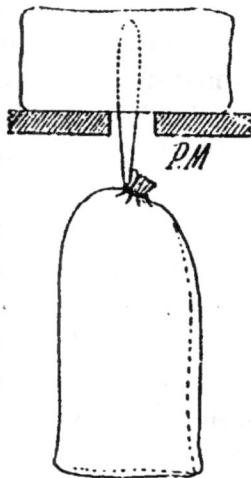

Fig. 64.

6. Dissolution de sulfate de
cuivre. — Pulvériser très finement 200 gr. de sulfate
de cuivre : prendre 200 cm³ d'eau dans un flacon de
un litre ; prendre enfin un densimètre et une éprouvette à pied pouvant le contenir.

Verser environ 5 gr. de sulfate dans l'eau et agiter. On constatera la disparition de la matière solide,
ainsi qu'une certaine coloration du liquide. Prendre
la densité.

Verser encore du sulfate par doses à peu près

égales, en prenant la densité à chaque fois. Évaluer à peu près ce qui s'est dissous quand la densité cesse d'augmenter par une nouvelle addition et qu'il reste du sel non dissous dans le liquide.

Ajouter ce qui reste d'un seul coup ; agiter fortement, en chauffant jusqu'à l'ébullition. On constatera ainsi que l'eau bouillante peut dissoudre beaucoup plus de sulfate de cuivre que l'eau froide.

Filtrer la solution bouillante dans un cristallisoir en la maintenant autant que possible à la température d'ébullition. Prélever 100 cm³ qu'on mettra dans un petit cristallisoir recouvert d'une lame de verre, et noter la température quand un commencement de cristallisation se produit.

Lorsque le liquide du cristallisoir se sera refroidi de 15 à 20° et aura déposé une certaine quantité de sulfate cristallisé, on notera de nouveau la température et l'on décantera dans un autre cristallisoir. Opérer de même après un nouveau refroidissement de 15 à 20° et laisser refroidir la troisième liqueur jusqu'à la température ambiante.

Le lendemain, ou à la séance suivante d'exercices pratiques, décanter le liquide froid dans un quatrième cristallisoir. On mettra ce dernier dans la balance pour le tarer (on conservera la tare), et on l'abandonnera ensuite à lui-même jusqu'à ce que l'eau dissolvante soit complètement évaporée ; (cela pourra demander quelques semaines). Quand ce résultat sera atteint, on reportera le cristallisoir

dans la balance avec la tare dans l'autre plateau ;
en établissant l'équilibre, on trouvera la masse de
l'eau qui était saturée, à la dernière température,
avec le sulfate qui reste cristallisé, On retirera
celui-ci et l'on refera l'équilibre, ce qui donnera la
masse de solution saturée. Dès lors, on pourra
trouver la quantité de sulfate dissous et le coefficient de solubilité.

D'autre part, en pesant les dépôts cristallins des
autres cristallisoirs, on aura les différences de solubilité entre les diverses températures données et
l'on aura ainsi quelques points de la *courbe de solubilité*.

7. Sursaturation. — Dans un petit ballon à fond
plat de 250 cm.³, mettre 80 cm,³ d'eau et 150 gr. de
sulfate de sodium cristallisé. Chauffer un peu pour
faire dissoudre, et filtrer à chaud si la solution n'est
pas limpide. Faire bouillir quelques instants, couvrir l'orifice du ballon avec un papier filtre et refroidir en plongeant dans l'eau, ou mieux, en roulant le
ballon sous le jet du robinet d'eau.

Le ballon étant bien froid, enlever l'obturateur
de papier, verser un petit morceau de
sulfate anhydre obtenu en chauffant un
petit morceau de sulfate hydraté sur
une lame de verre. Constater qu'il ne
se produit rien. Verser un très petit frag-
ment de sulfate hydraté et suivre la   Fig. 65.

marche de la cristallisation qui commence aussitôt.
(fig. 65). — Constater le réchauffement notable du
ballon.

8. Chaleur de fusion de l'étain. — Faire fondre
environ 15o gr., d'étain dans une petite capsule de
porcelaine ; laisser refroidir jusqu'à ce que la solidification commence. Verser alors le résidu liquide
dans un calorimètre contenant 100 gr. d'eau ;
jeter la partie solidifiée dans un second calorimètre
contenant 5o gr. d'eau. Déterminer les échauffe-
ments. Après l'opération calorimétrique, on pèsera
les deux masses d'étain et l'on aura les éléments
pour calculer : 1° la capacité thermique de l'étain
solide, 2° la chaleur de fusion de ce métal. (Prendre
pour point de fusion $t = 225°$).

9. Chaleur de dissolution. — Dans un ballon de
25o cm³ verser 100 cm³ d'eau dont on prendra la
température, le thermomètre traversant un bouchon
à rainures longitudinales. — Peser 100 gr. d'azotate
d'ammonium bien pulvérisé qui sera à la température ambiante (déterminer). Verser le sel dans
l'eau et agiter vivement ; noter la température obtenue. Si tout est dissous, calculer la chaleur de dissolution de l'azotate à l'aide des éléments de l'expérience, en prenant comme capacité thermique de
l'azotate : 0,75.

10. Chaleur de dilution. — Dissoudre 20 gr. d'azo-

tate de potassium dans 100 cm³ d'eau. Mettre
300 cm³ d'eau pure dans un vase à précipiter de
500 cm³, disposer le tout pendant quelque temps
dans un grand cristallisoir plein d'eau afin d'obtenir
une température égale dans les deux vases. Déterminer cette température au 1/10 de degré, au
moins. Retirer les vases du cristallisoir, verser la
solution d'azotate dans l'eau pure, agiter et prendre
la température.

Connaissant l'abaissement de température et
négligeant la capacité thermique de l'azotate, calculer approximativement la quantité de chaleur nécessaire pour effectuer la dilution de un gramme d'azotate dans ces conditions.

11. Mélanges réfrigérants. — (*a*) Dans un tube
à essais de 18 mm. mettre, peu à peu, 10 gr. de
neige et 5 gr. de sel marin pulvérisé bien fin, remuer
avec le thermomètre. Plonger ce tube dans une
éprouvette contenant de l'eau à zéro et attendre que
le mélange réfrigérant soit remonté à zéro. On
pourra peser la glace formée.

(*b*) Opérer de la même manière avec 10 gr. de
neige et 10 cm³ d'acide chlorhydrique du commerce
préalablement refroidi à 0°.

SIXIÈME SÉRIE

Vaporisation.

1. Influence de l'étendue de la surface libre sur l'évaporation. — Dans une même feuille de papier filtre découper 4 échantillons de 9 × 12 cm.; disposer 2 plaques de verre 13 × 18 sur les plateaux de la balance; humecter d'eau les 4 papiers; en mettre deux, côte à côte, sur l'une des plaques de verre et superposer les 2 autres sur la seconde. Tarer rapidement, abandonner le tout dans un courant d'air pendant quelque temps et voir comment se comporte la balance.

2. Influence des courants d'air. — Prendre deux échantillons 12 × 17 cm., de papier filtre humecté, les placer sur deux plaques 13 × 18 et disposer ces plaques verticalement sur les plateaux de la balance, mais de telle sorte que l'un des papiers reçoive presque normalement le courant d'air, tandis que l'autre en sera abrité. Tarer et abandonner l'appareil à lui-même. Au bout de quelque temps, on observera de nouveau la balance.

3. Ebullition. — Remplir à moitié, avec de l'eau, un ballon de 250 cm³. ; disposer un thermomètre dans un bouchon à rainures longitudinales qu'on adaptera au col du ballon. Chauffer avec un bec Bunsen donnant une petite flamme et suivre attentivement la marche du thermomètre ainsi que les divers phénomènes préliminaires à l'ébullition. noter le point d'ébullition au thermomètre employé.

4. Influence des substances dissoutes sur le point d'ébullition. — Peser 5 doses de 6 grammes de sel marin bien pulvérisé. Dissoudre une première dose dans 100 cm³ d'eau et déterminer comme précédemment le point d'ébullition. On ajoutera successivement les 4 autres doses en notant à chaque fois le nouveau point d'ébullition, *le réservoir du thermomètre plongeant dans l'eau.*

5. Influence de l'air sur l'ébullition. — Dans un petit ballon de 100 cm³ bien nettoyé à la potasse, à l'acide sulfurique et à l'eau distillée , mettre de l'eau distillée bouillie ; chauffer et suivre la marche de la température ; quand celle-ci aura dépassé 100°, introduire dans l'eau près de la surface un petit morceau de liège tenu à l'extrémité d'une longue aiguille. Cesser de chauffer pendant quelque temps pour constater la persistance de l'ébullition au contact de l'air contenu dans le liège.

6. Influence de la pression; ébullition sous pression réduite. Bouillant de Franklin. — Prendre un ballon de 100 cm³ aux 3/4 plein d'eau et un bon bouchon pouvant fermer très bien ce ballon. Porter l'eau à l'ébullition et maintenir la pleine ébullition pendant une demi-minute environ. Retirer le ballon de la flamme et, en même temps, adapter le bouchon. Retourner le ballon le fond en haut et souffler sur ce fond. On provoquera ainsi un dégagement de bulles de vapeur.

Abandonner le ballon à lui-même dans la même position et, de temps à autre, frotter le fond avec un petit linge imbibé d'eau froide pour provoquer un nouveau dégagement de bulles (fig. 66). On remarquera que les bulles se forment presque invariablement sur le bouchon, aux mêmes points, et qu'en ces points se trouvent de petites cavités contenant de l'air; ces bulles vont en grandissant à mesure qu'elles s'élèvent.

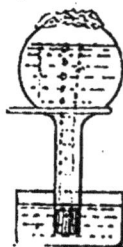

Fig. 66.

7. Observation des points d'ébullition correspondant à différentes pressions moindres que la pression atmosphérique. — Dans un ballon de 500 cm³ mettre environ 300 cm³ d'eau et une pincée de sable; adapter un bouchon à deux trous, portant un thermomètre et un tube coudé; ce dernier communiquera avec un col droit de 1 à 2 litres en rapport d'autre part : 1° avec la trompe à eau ; 2° avec un tube manomètre plongeant dans la même cuve de mercure qu'un tube de Toricelli, bien privé d'air, (fig. 67).

Mettre la trompe en fonction, chauffer au bec Bunsen et suivre la marche de la température. On notera la différence de hauteur des deux co- lonnes de mercure, dif- férence qui mesure la pression sur l'eau, Quand l'ébullition com- mencera, on retirera le brûleur pour le re- mettre au bout de quel- ques instants, de maniè- re à maintenir la tem- pérature à peu près stationnaire ainsi que la pression, tout en provoquant l'ébulli- tion ; on notera la tem- pérature et la pression dans ces conditions.

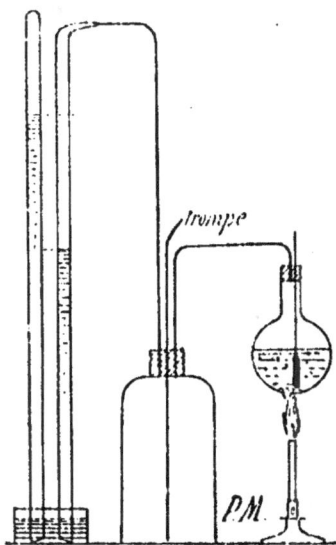

Fig. 67.

Ramener le brûleur de manière à faire monter la température à 5° plus haut, faire une nouvelle me- sure de pression, et ainsi de suite jusqu'à 95°. Alors on laissera refroidir graduellement et l'on fera en sorte de maintenir quelques instants la température à 90, 85, 80°,... en ramenant momentanément la flamme du brûleur réduite à une faible dimension. On pourra ainsi redescendre jusque vers 50° tout en maintenant l'ébullition. Construire la courbe des pressions, température.

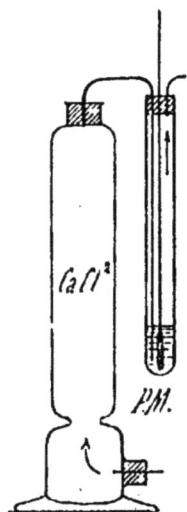

8. Froid produit par l'évaporation. — (*a*) Au moyen d'un tube effilé formant pipette, verser deux ou trois gouttes de sulfure de carbone sur le dos de la main et souffler immédiatement dessus. Sensation.

(*b*) Envelopper le réservoir d'un thermomètre avec un petit morceau de linge fin humecté d'eau et le faire mouvoir vivement dans l'air, ou bien envoyer un courant d'air dessus au moyen de la soufflerie. Constater et déterminer l'abaissement de température.

Fig. 68.

(*c*) Mettre environ 5 cm³ d'éther dans un tube à essais de 20 cm. Au moyen de la trompe, y faire passer un courant d'air qui traversera préalablement une éprouvette à dessécher, contenant du chlorure de calcium sec, en petits morceaux (fig. 68). Suivre la marche du thermomètre. Observer en même temps l'aspect extérieur du tube. On devra arriver à le faire couvrir d'un manchon de givre dans sa partie basse.

9. Chaleur de vaporisation. — Prendre deux
petits ballons de 100 cm³. Dans l'un, on mettra
60 cm³ d'eau et l'on fermera par
un bouchon muni d'un tube
coudé, (fig. 69); ce tube doit
plonger jusque vers la base du
col du ballon et on l'entourera
d'une lisière de laine jusqu'à
6 ou 7 cm. de l'extrémité libre.

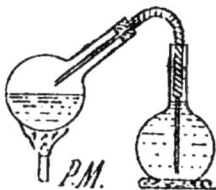

Fig. 69.

Dans l'autre ballon, mettre de l'eau jusqu'à la base
du col. On pèsera et déterminera la température
de l'eau.

Faire bouillir l'eau du 1ᵉʳ ballon jusqu'à ce que
la vapeur sorte sèche à l'extrémité du tube; (il ne
se forme plus de gouttes d'eau condensée qui se-
raient entraînées par la vapeur, et le jet est parfaitement transparent). A ce moment plonger le tube
à dégagement dans le 2ᵉ ballon, de manière qu'il
débouche, à un centimètre du fond environ. Prolonger l'ébullition pendant une minute; retirer le tube
à vapeur; agiter l'eau et prendre de nouveau la
température. Peser de nouveau le ballon et déterminer la quantité d'eau qu'il contient. L'augmentation de sa masse donne la masse de vapeur qui
s'est condensée. Connaissant d'autre part la variation de température, on pourra faire le calcul
approximatif de la chaleur de vaporisation. Comparer le résultat au nombre 537 calories, communé-
ment adopté.

SEPTIÈME SÉRIE

Propriétés des vapeurs dans le vide et dans les gaz.

1. Force élastique d'une vapeur, existence d'une force élastique maxima. — (a) Prendre un tube de Torricelli ordinaire, long de 80 cm., sur 1 cm. 5 de diamètre intérieur, disposé sur un cristallisoir de 10 cm. de diamètre contenant du mercure, le tout reposant sur une table bien horizontale. Mesurer la colonne mercurielle. Introduire dans le tube un petit tortillon de papier filtre imprégné de sulfure de carbone (50 mm³ environ). Constater la variation du niveau du mercure quand le sulfure de carbone arrive dans la chambre barométrique. Mesurer la hauteur, au-dessus de la table du niveau du mercure, dans le tube. Pencher le tube et mesurer la nouvelle hauteur verticale pour évaluer la force élastique de la vapeur dans ces nouvelles conditions (fig. 70). En penchant de nouveau, on réduira la couche suffisamment pour qu'elle soit saturée avec la vapeur qu'elle contient. Pencher encore pour amener la condensation d'une quantité appré-

ciable de liquide ; alors, redresser un peu, de manière à faire vaporiser ce liquide, puis faire osciller
en deçà et au delà de la position qui correspond à
la saturation exacte ; on verra apparaître et dispa-

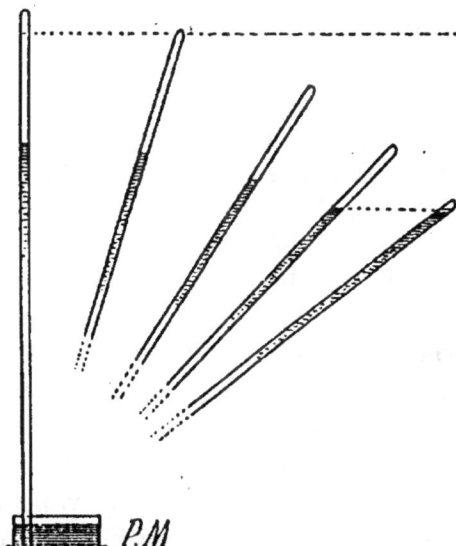

Fig. 70.

raître un brouillard chaque fois que l'on passera par
cette position limite.

(*b*) Si l'on dispose d'un manomètre flexible, déterminer d'abord la pression atmosphérique II ;
puis remplir la chambre de mercure jusqu'au-dessus
du robinet ; verser par-dessus environ un centimètre cube de sulfure de carbone dont on fera passer
la moitié au-dessous du robinet en soulevant légè-

rement la chambre, Fermer le robinet, soulever la chambre, (ou abaisser la cuvette), de manière que le mercure arrive à la division 100 dans la chambre. Après quelques instants de repos, noter la diffé- rence des niveaux de mercure, h, et le volume occupé par la vapeur, 100, en constatant qu'il ne reste plus de liquide. La pression atmo- sphérique étant connue, calculer le produit pv, du volume de la vapeur par sa force élastique H-h.

Abaisser la chambre à gaz pour réduire le volume de la vapeur de 90 à 80..... ; recommencer à chaque fois la détermination de la force élastique et faire le produit pv.

Réduire ainsi graduellement le volume de la va- peur jusqu'à 10 cm² ; observer attentivement le mo- ment où la vapeur commence à se condenser sur les parois et constater que ce moment coïncide avec celui où la force élastique de la vapeur cesse d'augmenter. Examiner la variation du produit pv depuis le volume le plus grand jusqu'au plus petit. Courbe ?

2. Force élastique maxima de la vapeur d'al- cool. — Dans le tube de Torricelli précédent rétabli dans les conditions normales, introduire 1 ou 2 cm³ d'alcool au moyen d'une pipette recourbée. On aura du premier coup un excès de liquide. Mesurer la force élastique maxima. Pencher le tube et voir si la hauteur verticale du mercure demeure constante.

3. **Influence de la température sur la force élastique maxima.** — Prendre le tube précédent à pleines mains dans la région occupée par l'alcool et par sa vapeur et observer la marche du mercure. Comparer le déplacement à celui qu'on obtiendrait en chauffant de la même manière le même volume d'air à la même pression.

4. **Expérience de Dalton montrant qu'a 100° la force élastique de la vapeur d'eau égale la pression atmosphérique.** — Prendre un tube de verre de 50 cm. sur 0 cm. 5 de diamètre intérieur, fermé à une extrémité et recourbé en U vers le milieu. On y versera du mercure de manière à remplir la branche fermée avec la partie courbe

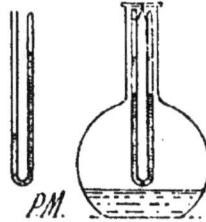

PM.

Fig. 71.

et environ 2 cm. de l'autre branche en penchant et redressant successivement pour chasser l'air enfermé d'abord. Verser ensuite 10 cm. d'eau dont on fera passer la moitié environ dans le bout fermé en penchant le tube en sens inverse (fig. 71).

Le tube étant ainsi disposé, on le suspend par une petite ficelle à une réglette de bois qui appuiera sur l'orifice d'un ballon d'un litre où l'on fera bouillir de l'eau. Observer attentivement l'eau enfermée dans le tube à partir du moment où celle du ballon est en pleine ébullition. Retirer le ballon du feu

quand il s'est produit de la vapeur dans le tube et
observer celui-ci ; reporter le ballon sur le feu et
ainsi de suite un certain nombre de fois.

**5. Congélation de l'eau par
ébullition dans le vide.** — (Machine pneumatique pouvant raréfier l'air à 2 mm.). Mettre 10 cm.³
d'eau dans une petite nacelle de
laiton léger reposant par trois

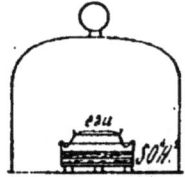

Fig. 72.

pieds sur un cristallisoir contenant de l'acide sulfurique et reposant sur la platine de la machine
pneumatique (fig. 72.) Faire le vide et quand l'indica-
teur de vide est arrivé au-dessous de
4 mm., fermer le robinet de communication de la platine avec le piston;
observer ce qui se passe sur l'eau.

**6. Force élastique maxima de la
vapeur d'un liquide dans une atmosphère gazeuse.** — (*a*) Prendre un
col droit de 200 cm³. avec un peu de
mercure au fond (fig. 73); y adapter un bouchon à deux trous dont
l'un porte un tube droit manométrique de 60 cm. de haut sur 4 mm. de
diamètre intérieur, et l'autre, un tube
à entonnoir et robinet. Celui-ci sera
d'abord ouvert; puis on le fermera

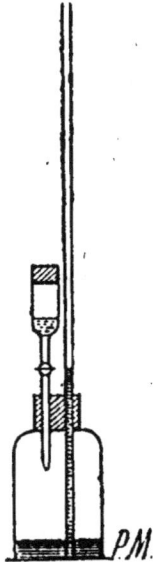

Fig. 73.

pour avoir de l'air à la pression atmosphérique dans le flacon. Alors on mettra quelques centimètres cubes de sulfure de carbone dans l'entonnoir et on le fermera avec un bon bouchon, de manière à pouvoir faire passer un peu de liquide dans le flacon. Agiter celui-ci et faire pénétrer du sulfure de carbone jusqu'à ce qu'il y en ait un faible excès. Noter alors la dénivellation du mercure et la comparer à celle qu'on obtient en faisant passer un excès de CS^2 dans le tube de Torricelli à la même température.

(*b*) Avec le manomètre flexible, prendre exactement 50 cm³ d'air dans la chambre, à la pression atmosphérique; verser 3 cm³ de sulfure de carbone au-dessus du robinet primitivement clos, faire passer la presque totalité au-dessous et fermer de nouveau le robinet. Remonter la cuvette pour ramener à 50 cm³. le volume du mélange d'air et de vapeur saturante. Ce résultat obtenu, déterminer la différence de niveau. On pourra séance tenante déterminer la force élastique maxima de la vapeur du même liquide dans le vide et constater l'égalité.

7. Sur le principe de Watt. — Dans un tube de verre de 1 cm. de diamètre intérieur, coudé à angle droit, de manière à former deux branches rectilignes de 20 cm. chacune, on a enfermé préalablement quelques centimètres cubes d'éther ordinaire après avoir éliminé l'air par ébullition de l'éther.

P. MORIN   9

Faire d'abord passer tout le liquide dans l'un des bouts qu'on mettra dans l'eau ordinaire et mettre l'autre bout dans l'eau glacée, observer ce qui se passe (fig. 74).

Fig. 74.

HUITIÈME SÉRIE

Distillation.

1. Distillation de l'eau. Réfrigérant Liebig. —
Comme vase évaporatoire on prendra un ballon
ordinaire d'un litre. Pour constituer un bon réfrigérant, on prendra un tube de verre mince de
1 cm. 5 de diamètre et 100 cm. de long que l'on

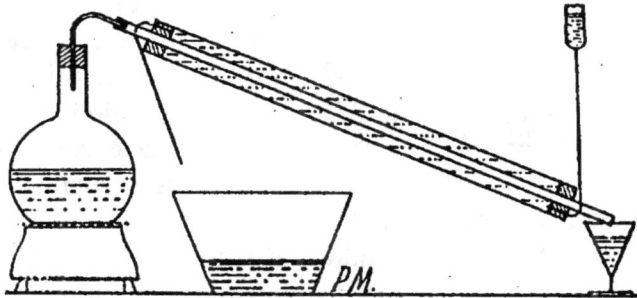

Fig. 75.

disposera dans l'axe d'un manchon de zinc ou de
verre (ce qui serait préférable, parce qu'on verrait
dans l'intérieur); ce manchon aura 85 cm, de long
et 4 cm. de diamètre; les bouchons porteront en.
outre deux tubes recourbés disposés pour faire

passer un courant d'eau froide dans l'espace annu-
laire (fig. 74). Un tube à dégagement descendant
un peu dans le col du ballon conduira la vapeur
dans le tube central du réfrigérant avec lequel il
se raccordera par un bouchon ordinaire.

**2. Distillation du vin avec le petit appareil Salle-
ron, et détermination du degré alcoolique.** —
Mesurer du vin dans la petite éprouvette jaugée
jusqu'au trait supérieur ; verser dans le ballon en
égouttant parfaitement
et rincer avec quel-
ques gouttes d'eau
qu'on ajoutera au vin.
Disposer l'éprouvette
au-dessous du réfrigé-
rant en serpentin et
remplir celui-ci d'eau
froide. Raccorder le
ballon au serpentin et
allumer la lampe (fig. 76).

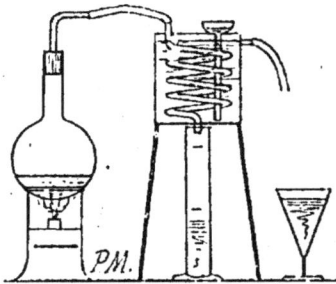

Fig. 76.

Aussitôt que le liquide distillé commencera à
couler, verser de l'eau froide dans l'entonnoir du
réfrigérant de manière que l'eau de réfrigération
s'écoule seulement tiède.

Quand l'éprouvette sera remplie au trait inférieur, éteindre la lampe ; ajouter de l'eau pure au
produit de la distillation, de manière à affleurer au
trait supérieur. Plonger l'alcoomètre spécial dans

l'éprouvette et prendre la température. La table de correction donnera le degré alcoolique exact du vin.

3. Distillation fractionnée du vin. — Avec l'appareil employé pour la distillation de l'eau, traiter 5oo cm³ de vin. Recueillir le produit de la distillation dans une éprouvette graduée. qu'on changera chaque fois que l'on aura recueilli 5o cm³ de produit distillé. On prendra, au moyen d'alcoomètres convenables, les degrés des divers produits ainsi obtenus. On arrêtera la distillation quand le dernier produit ne renfermera plus que des traces d'alcool. Noter son rang.

4. Distillation fractionnée avec réfrigérant à reflux. — Couder à 120° un tube en verre mince de 110 cm. de long, 1 cm. 5 de diamètre, à environ 15 cm. de l'extrémité. Engager la courte branche dans le bouchon du ballon évaporatoire et raccorder l'autre extrémité avec un réfrigérant en serpentin ou autre.

Conduire l'opération comme précédemment avec une ébullition modérée. Comparer les résultats des deux opérations.

5. Sublimation de la naphtaline. — Prendre une boîte cylindrique en fer-blanc, de forme basse, de 15 cm. de diamètre, (conserves de thon ou de

homard), y mettre 15 à 20 gr. de naphtaline brute
et adapter sur l'orifice un grand cornet en papier
d'emballage de 40 à 50 cm. de haut,
ouvert à la pointe (fig. 77).

Chauffer doucement, de manière
qu'il ne sorte presque rien par l'orifice du haut. Au bout d'une demi-
heure, on retirera le cornet pour voir
ce qu'il y a dedans.

6. Sublimation de l'iode. — Prendre un bout de tube de verre droit,
long de 20 cm. avec o cm. 8 de diamètre
intérieur ; disposer à l'intérieur, vers
le milieu, un petit cristal d'iode et
chauffer doucement la partie correspondante du
tube, que l'on inclinera légèrement. Constater la
belle couleur de la vapeur d'iode, sa grande densité
et sa solidification sur les parties froides du tube.

On pourrait opérer d'une manière analogue avec
le sel ammoniac ou avec le camphre, mais dans des
tubes à essais.

Fig. 77.

NEUVIÈME SÉRIE

Hygrométrie.

1. Formation de la rosée. — Prendre un tube à essais de 18 cm. qui aura été argenté intérieurement dans un exercice pratique de chimie (réduction de l'azotate d'argent en solution très alcaline par le glucose ou par l'aldéhyde formique) ; y mettre 4 à 5 cm³ d'éther et y adapter un bouchon muni de tubes au moyen désquels on pourra faire passer un courant d'air sec à travers le liquide.

Faire fonctionner la trompe ou la soufflerie pour produire le courant d'air ; on observera le dépôt de rosée et l'on arrêtera le courant d'air.

Si l'on a mis un thermomètre dans l'éther, on pourra se servir de l'instrument comme hygromètre ; mais comme le refroidissement de la surface externe du verre est en retard sur l'intérieur, on opérera de la manière suivante : on arrêtera le courant d'air dès l'apparition de la rosée et l'on attendra un peu pour que cette rosée disparaisse complètement. Rétablir le courant d'air jusqu'à nouveau dépôt de rosée ; le thermomètre sera alors un peu moins bas que la première fois. Arrêter le courant d'air et laisser disparaître la rosée pour recommencer la même manœuvre jusqu'à ce que le thermomètre ne baisse plus et que la rosée se dépose presque au début du courant d'air.

2. Emploi de l'hygromètre d'Alluard. — La méthode précédente donnera un résultat plus rapide et plus sûr avec l'hygromètre d'Alluard. Pour bien saisir le point de rosée, se disposer devant l'appareil de manière à voir dans les surfaces polies l'image d'un vêtement noir, la moindre différence d'aspect entre le récipient et la plaque de garde devient alors très sensible. Il sera encore bon de faire apparaître et disparaître la rosée plusieurs fois consécutivement.

3. Brouillard produit par détente de l'air comprimé humide. — Comprimer de l'air dans un flacon de 2 litres, en verre bien clair, à une pression d'environ 3 kilog., le robinet du flacon ayant une assez large lumière. Il pourra se faire, si l'air atmosphérique est suffisamment humide, qu'une condensation de vapeur se produise pendant la compression, malgré l'échauffement; observer pour voir si le fait se produit et donner l'explication.

L'air étant ainsi comprimé, revenu à la température ambiante et bien limpide, ouvrir brusquement le robinet et regarder le flacon dans la direction du tableau noir pour observer le brouillard produit.

Si l'on répète plusieurs fois l'expérience avec le même flacon, on verra que les parois se mouillent de plus en plus, à cause de la condensation de vapeur qui se produit à chaque fois.

DIXIÈME SÉRIE

Dilatations, expériences quantitatives.

1. Dilatation du zinc. — Prendre un tube de verre épais, de 100 cm. de long sur 2 de diamètre ; adapter à l'une de ses extrémités un manchon plus large (col de gros ballon cassé), pouvant faire entonnoir. A l'autre extrémité, ajuster un bouchon traversé par un petit robinet et par une baguette de verre recourbée en crochet dans l'intérieur du tube. Prendre d'autre part un fil de zinc de 204 cm. de long, raccorder ses extrémités sur une longueur de 3 cm. et le plier de manière à le faire passer sur le crochet de verre précédent et sur un autre crochet analogue (fig. 78); on aura ainsi un fil double de 1 mètre de long. Disposer le tout sur une planche verticale qui portera à sa partie supérieure un de nos leviers d'étude. Fixer solidement le crochet de verre inférieur à un piton porté par la planche et relier le crochet supérieur à un point du levier d'étude situé à 40 mm. du point de suspension ; attacher un poids de l'autre côté du levier pour tendre le fil de zinc ; il sera bon d'adapter à l'extrémité du levier un index de paille assez long pour que son ex-trémité soit à 100 cm. du point fixe, c'est-à-dire pour avoir une amplifica tion de 25 dans le déplacement de l'extré mité mobile du fil de zinc. Placer une band elette de pa-pier quadrillé derrière l'index.

On fera d'abord couler de l'eau gla-cée dans le tube, de mani ère à amener le fil à 0°. Puis, le tube étant vide, on y fera passer de l'eau chaude au moyen de plusieurs ballons dont l'un sera tou-jours sur le feu, et l'on arrivera ainsi à une température voisine de 100° que l'on déterminera. (Il serait bon d'envelopper le tube d'une lisière de drap ; de cette manière, on atteindrait sûrement 100° uniformément.) Noter la nouvelle posi-tion de l'index. Calculer le coefficient de dilatation.

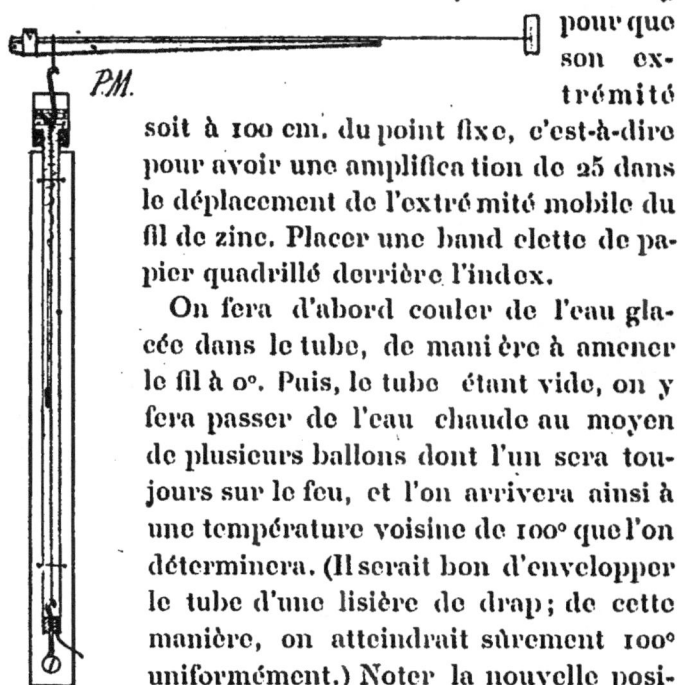
Fig. 78.

2. Dilatation absolue de l'alcool par la méthode de Dulong et Petit. — Prendre deux tubes de verre mince de 110 cm. de long sur 1 cm. de diamètre, marquer des traits distants de 1 mm. sur 2 cm. de long à environ·8-10 cm. d'une extrémité. A l'autre

extrémité, adapter des bouchons traversés par des
tubes coudés à lumière étroite. Disposer ces
tubes suivant les axes de 2 manchons de zinc de
100 cm.×5, tubulés latéralement
au bas pour raccorder les tubes de
verre. L'extrémité inférieure des
manchons sera munie d'un bouchon avec un robinet; le tout est
disposé sur un support convenable (fig. 79).

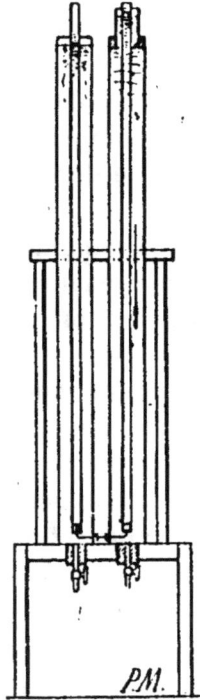

Verser de l'alcool dans le système de vases communicants, de manière qu'il y en ait à peu près 100
cm. au-dessus de l'axe des tubes
de raccordement et noter les *divisions* de la partie graduée qui
se trouvent *au même niveau*.

On versera de l'eau glacée dans
l'un des manchons (pour cela, remplir de glace pilée un grand entonnoir sur lequel on fait couler
l'eau, reprendre l'eau au robinet
inférieur pour la reverser sur la
glace). Chauffer d'autre part de

Fig. 79.

l'eau à 80° qu'on versera dans l'autre manchon. Prendre la température moyenne de ce dernier en faisant
monter et descendre régulièrement, dans toute sa
longueur, le thermomètre attaché à une ficelle.
D'ailleurs, si l'on entoure ce manchon d'une che-

mise de tricot et si l'on fait passer plusieurs fois la même eau dans le manchon, grâce au robinet inférieur, on aura une température uniforme.

Finalement, on versera dans le tube chaud un peu d'alcool chaud, tenu en réserve dans un tube à essais, de manière à faire remonter le niveau froid dans la partie graduée, à 100 cm. au-dessus du raccord.

L'équilibre définitif obtenu, noter la température du manchon chaud et mesurer la différence de niveau des 2 colonnes d'alcool. Calculer le coefficient de dilatation.

3. Maximum de densité de l'eau. — Dans un vase à précipiter de 500 cm³, verser environ 350 cm³ d'eau et un morceau de glace d'environ 100 gr., de forme allongée, que l'on maintiendra sur le côté avec la tige du thermomètre (fig. 80), le réservoir du thermomètre plongeant au fond.

Disposer le vase sur un disque de feutre et plonger le réservoir d'un second thermomètre en haut, près de la surface et du bord opposé à la glace. Observer la marche des thermomètres et les mouvements

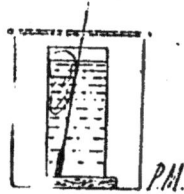

Fig. 80.

de l'eau, qui sont rendus visibles par les particules solides en suspension. Il serait bon d'enfermer le vase à précipiter dans un vase de verre, forme conserve, afin d'éviter l'action des courants d'air extérieurs.

4. Etude des variations du volume de l'eau à l'aide du dilatomètre entre la température ordinaire et 0°. — Prendre un petit ballon de 100 cm³ auquel a été préalablement soudé un tube dont la lumière a 6/10 mm. de diamètre et 25 cm. de long. Après l'avoir pesé vide, on le remplira d'eau distillée en opérant comme à l'exercice *4 b* de la 5ᵉ série : le laisser refroidir jusqu'à la température ambiante, l'orifice plongé dans l'eau. Peser de nouveau de manière à trouver la capacité très approchée de l'appareil, (la capacité du tube capillaire par unité de longueur aurait pu être déterminée d'avance).

Plonger l'appareil avec un thermomètre dans un cristallisoir contenant de l'eau où l'on versera peu à peu de la glace, de manière à abaisser graduellement la température jusqu'à zéro. Observer les mouvements de l'eau dans le tube capillaire au moyen d'un double décimètre qui a été fixé préalablement à ce tube.

Construire la courbe des variations apparentes.

5. Dilatation de l'air sous pression constante. — Prendre une sorte de dilatomètre formé par un tube de 40 cm. de long sur 0 cm. 4 de diamètre intérieur soudé à un réservoir de 12 cm.×1 cm. 2. Jauger l'appareil au mercure de manière à connaître la capacité totale et celle de l'unité de longueur de la tige. Disposer le dilatomètre comme l'indique la fig. 81, dans une étuve à vapeur d'eau bouillante.

Chauffer à 100° en tenant un petit godet de mercure à l'orifice du dilatomètre de manière à voir s'échapper l'air par dilatation.

Quand il ne s'échappera plus rien, c'est-à-dire quand l'air enfermé sera à 100° sous la pression atmosphérique, on approchera une cuvette profonde formée d'un tube de verre de 45 cm. $\times$ 2 cm., fermé à un bout et presque plein de mercure; on y enfoncera le dilatomètre en le poussant par le bout à travers le bouchon inférieur qu'il doit traverser à frottement doux ; on le séparera de l'étuve et on laissera revenir à la température ambiante. Enfin, on enfoncera le tube dans la cuvette de manière que la pression de l'air enfermé soit la pression atmosphérique même, c'est-à-dire de telle sorte que le niveau à l'intérieur du tube soit seulement de 2 mm. (dépression capillaire) au-dessous du niveau de la cuvette. La position du mercure dans la tige permettra de connaître le volume de l'air enfermé à la température ambiante ; comme l'on connaît le volume de la même masse à 100° sous la même pression, le coefficient de dilatation s'en déduira aisément. (On néglige la dilatation du verre.)

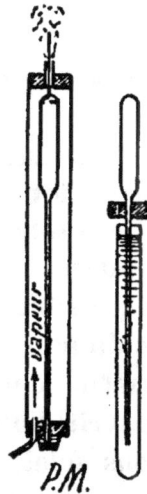

Fig. 81.

ONZIÈME SÉRIE

Propagation de la chaleur

1-2. Influence de la surface des corps sur l'absorption et sur l'émission de la chaleur. — Prendre deux tubes comme ceux qui ont servi à montrer et à mesurer la dilatation des gaz, identiques autant que possible. Enduire le réservoir de l'un d'eux avec du noir de fumée et les plonger tous deux dans une même éprouvette à pied contenant de l'eau ; les recouvrir d'une cloche de verre et les exposer aux rayons solaires. On constatera que l'air du réservoir noirci se dilate plus que l'autre.

Disposer les appareils dans une étuve à vapeur d'eau bouillante pendant un temps suffisant pour qu'ils prennent tous deux la température de 100°. Plonger ensuite leurs orifices dans une petite cuvette à eau et laisser refroidir ; suivre la marche du niveau de l'eau dans les deux appareils.

3. Comparer la conductibilité thermique dans le verre et dans le fer. — Prendre une baguette de verre de 5 cm. × 0,5 et un morceau de fer de

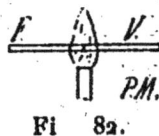

Fi 82.

dimensions identiques ; les disposer bout à bout et les tenir dans une flamme Bunsen, le joint au milieu (fig. 82). Évaluer le temps au bout duquel la sensation de chaleur produite par le fer deviendra intolérable ; attendre ensuite pour voir si le même fait se produira avec le verre.

4. Comparer la conduction dans le fer et dans le cuivre. — Prendre deux fils de 2 mm. de diamètre et 25-30 cm. de long, l'un en fer, l'autre en cuivre ; les tortiller ensemble sur une longueur de 2 cm., à l'une de leurs extrémités, et les replier parallèlement

Fig. 83.

l'un à l'autre. Déposer sur chacun d'eux, à 4 cm. environ du joint, une goutte de stéarine, et mettre les parties enroulées dans la flamme Bunsen en inclinant un peu vers le bas les parties droites (fig. 83). Observer les instants où les gouttes fondent et se mettent à descendre. Comparer leurs distances à la flamme quand elles se meuvent. Comparer enfin les distances auxquelles elles s'arrêtent. Observer l'étendue des parties de fil mouillé par la stéarine fondue et celle des parties sèches où la stéarine s'est volatilisée.

Interpréter les résultats.'

5. Convection dans les liquides. — Disposer un vase cylindrique en verre de Bohême de 250 cm.';

forme haute, sur un support qui le tienne par le
rebord supérieur (fig. 84). Y verser de
l'eau tenant en suspension un peu de
poussière de bois de chêne. Chauffer le
milieu du fond avec une petite flamme
Bunsen et observer les mouvements de
l'eau.

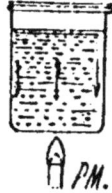

Fig. 84

6. Convection dans les gaz. — Découper dans un
papier un peu fort une spirale à 5 ou 6 tours de
8-10 mm. de large. La faire repo-
ser par le centre sur la pointe d'une
épingle enfoncée dans un petit
bouchon à l'extrémité d'un tube
de verre de 25-30 cm. Disposer le
tout au long d'un tuyau de poêle
vertical et observer le sens du
mouvement (fig. 85). Transporter
le même appareil le long d'une
muraille, ou mieux, le long d'une
fenêtre et comparer le sens du
mouvement au précédent.

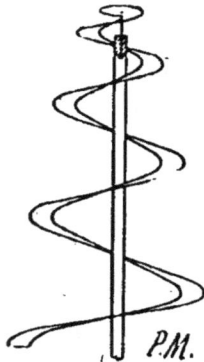

Fig. 85.

7. Tirage des cheminées. — Prendre un tube de
verre de 3 cm. de diamètre sur 60-80 de long, le
disposer sur une bougie allumée comme l'indique
la fig. 86, *a* ; puis, au bout de quelques instants,
incliner le tube et l'amener peu à peu dans la position *b*. Envoyer un peu de fumée de tabac vers

l'orifice inférieur pour voir le mouvement des
gaz.

8. Faible conductibilité de l'air. — Remplir de
limaille de liège un ballon de 100 cm.³; y adapter
un bouchon traversé par un thermomètre dont

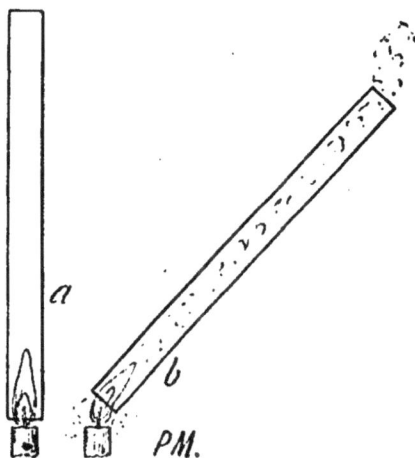

Fig. 80.

le réservoir occupe la partie centrale du ballon.
Plonger ce ballon dans l'eau bouillante et observer le thermomètre pendant plusieurs minutes.

TABLE DES MATIÈRES

PREMIÈRE PARTIE

Pesanteur, hydraulique, pneumatique

DEUXIÈME PARTIE

Chaleur

Imprimerie Joseph Téqui, 70, avenue du Maine, Paris

Henry Paulin et Cⁱᵉ, Libraires-Éditeurs.

21, rue Hautefeuille, Paris (6ᵉ).

ENSEIGNEMENT SECONDAIRE

Leçons de Géométrie descriptive, à l'usage des classes de première C et D, par P. Berniolle, professeur de Mathématiques (Saint-Cyr) au lycée de Troyes; 1 vol. grand in-18, avec *nombreux problèmes et exercices et 113 figures*, cartonné à l'anglaise.　　2 fr. 50

Leçons de Géométrie descriptive, à l'usage des classes de Mathématiques A et B, par Le Même; 1 vol. grand in-18, avec *nombreux problèmes, exercices et figures et deux cartes hors texte*, dont une en couleurs, cartonné à l'anglaise . . . . 3 fr.

Cours de Géométrie descriptive, à l'usage des candidats à l'école militaire de Saint-Cyr, par Le Même; 1 vol. grand in-18, avec *204 figures, nombreux problèmes et exercices*, cartonné à l'anglaise . 4 fr.

Cours élémentaire de Mécanique, à l'usage des élèves de Première C et D et de Mathématiques A et B, par A. Bourgonnier, professeur agrégé de Mathématiques au Lycée Henri IV, et P. Rollet, professeur à l'École des Arts et Métiers et au collège de Châlons.

　I. — Cinématique, 1 vol. in-8° avec figures, exercices et problèmes, broché 3 fr., cartonné . . . 4 fr.
　II. — Statique et *Dynamique*, 1 vol. in-8°, avec figures, exercices et problèmes *(sous presse.)*

Lectures Morales, à l'usage des élèves de quatrième A et B, par G. Chatel, professeur agrégé au Lycée de Rennes; 1 vol. gr. in-18, 2ᵉ édit., cart. à l'angl. 2 fr. 50

Lectures Morales, à l'usage des élèves de troisième A et B, par Le Même; 1 vol. grand in-18, cartonné à l'anglaise . . . . 3 fr.

Cours de Morale, par L. Dugas, docteur ès lettres, professeur agrégé de philosophie au Lycée de Rennes.

　I. — Morale théorique; 1 vol. in-8°, broché. 1 fr. 50
　II. — Morale pratique; 1 volume in-8° broché *(paraîtra en novembre 1904.)*

Cours de composition française, par M. Grigaut, professeur à l'école des Arts et Métiers et au collège de Châlons; 1 vol. grand in-12, avec *questionnaires, exercices, sujets de compositions*; cartonné à l'anglaise . . . . 2 fr.

Chateaubriand, *récits, scènes et paysages*, à l'usage des élèves de quatrième A et de troisième A et B, par G. LAURENT, professeur au collège Chaptal ; 1 vol. in-12, broché . . . . 2 fr.

Le Théâtre Comique aux XVIIᵉ et XVIIIᵉ siècles, à l'usage des élèves de troisième B, par Jules WOGUE, professeur agrégé au Lycée Buffon ; 1 vol. in-12, broché, *(paraîtra en novembre 1904)*.

Buffon, *extraits. (Discours et vues générales)*, à l'usage des élèves de deuxième D et de première A B C, par F. GOMIN, docteur ès lettres, professeur agrégé au Lycée de Rennes ; 1 vol. in-12, broché *(paraîtra en janvier 1905)*.

Recueil de Versions grecques, à l'usage des classes de première A et de seconde A, par Jean MONGIN, professeur agrégé au Collège Rollin et Emile GAYAN, licencié ès lettres ; 1 vol. in-16 broché . . 2 fr.

Humorous stories, à l'usage des classes de sixième A et B et de cinquième A et B, par Robert OBRY, professeur au Lycée du Havre ; 1 vol. in-18 avec gravures, cartonné à l'anglaise . . . . 1 fr.

The Boy's own Grammar, par LE MÊME ; 1 petit vol. cartonné . . . . 0 fr. 40

English Snapshots, à l'usage des classes de quatrième A et B et de troisième A et B, par Lucien LAVAULT, professeur agrégé d'anglais au Lycée de Bordeaux ; 1 vol. in-18, cartonné à l'anglaise . . . . 1 fr.

Ich lerne deutsch, à l'usage des classes de sixième A et B, par G. DELOBEL, professeur agrégé au Lycée de Versailles ; 1 vol. in-18 avec *gravures*, cartonné à l'anglaise . . . . 1 fr. 80

Der Schülerfreund, Monatshefte für die französische Schuljugend, herausgegeben von Dr. A. FINLOCHE, ordentl. Honorarprofessor an der Universität *Lille*, Oberlehrer am *Lycée Charlemagne*, dozent an der *Ecole Polytechnique* ; Preis des Abonnements, jährlich 10 Nummern (October-Juli) : Frankreich 3 fr. » Ausland . . . . 3 fr. 50

Für 10 Abonnements unter einer Adresse : Frankreich : 25 fr. ». — Ausland : 30 fr. »

Eine Nummer : 0, 50 cent.

Preis des Jahrgangs 1903-1904 : Frankreich : 3 fr. ». — Ausland : 3 fr. 50.

8

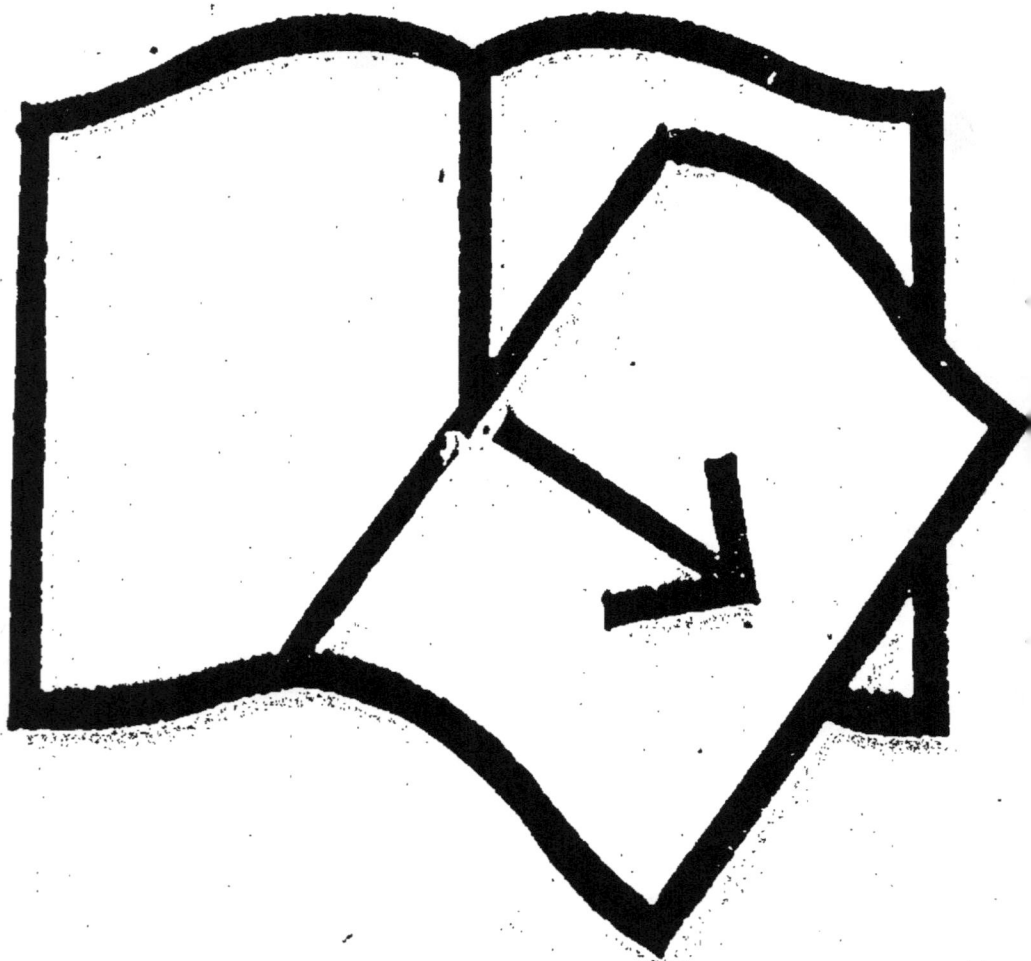

Documents manquants (pages, cahiers...)
NF Z 43-120-13

www.ingramcontent.com/pod-product-compliance
Lightning Source LLC
Chambersburg PA
CBHW050118210326

41519CB00015BA/4012